# FORSCHUNGSBERICHTE
## DES WIRTSCHAFTS- UND VERKEHRSMINISTERIUMS
## NORDRHEIN-WESTFALEN

Herausgegeben von Staatssekretär Prof. Leo Brandt

**Nr. 60**

Forschungsgesellschaft Blechverarbeitung e. V., Düsseldorf

## Untersuchungen über das Spritzlackieren im elektrostatischen Hochspannungsfeld

Als Manuskript gedruckt

SPRINGER FACHMEDIEN WIESBADEN

ISBN 978-3-663-03298-4          ISBN 978-3-663-04487-1 (eBook)
DOI 10.1007/978-3-663-04487-1

G l i e d e r u n g

# Elektrostatisches Spritzlackieren und Tropfenabziehen

## I. Einleitung

Für das Aufbringen von Farb- und Lacküberzügen auf Teile, die in großen
Stückzahlen gefertigt werden, und für Teile mit großen Oberflächen sind
vornehmlich zwei Verfahren geeignet, das Spritz- und Tauchlackieren. Diese Verfahren besitzen große Vorteile gegenüber anderen sonst üblichen
Verfahren. Sie ergeben gleichmäßige Überzüge, die Schichtdicke kann leicht
innerhalb vorgegebener Grenzen gehalten werden, die Herstellungsgeschwin-
digkeit ist hoch und durch die Möglichkeit eines weitgehenden Mechani-
sierens kann oft eine bemerkenswerte Wirtschaftlichkeit erreicht werden.
In den Verfahren selbst sind jedoch einige erhebliche Nachteile begrün-
det, die bislang nicht beseitigt werden konnten. Beim Spritzen z.B. von
Gegenständen, die aus Rohren oder Profilen aufgebaut sind und geringe Quer-
abmessungen haben, muß man bis zu 8o % Lackverluste hinnehmen. Selbst bei
großflächigen Gegenständen rechnet man mit Verlusten der Anstrichmittel,
die bis zu 25 % betragen. Ferner ist die physiologische Inanspruchnahme
der Arbeiter trotz aller Belüftungs- und Absaugeeinrichtungen für Farbnebel und verdunstende Verdünnungsmittel manchmal recht hoch. Beim Tauchlackieren muß man große Unterschiede in der Dicke der Überzüge - von oben
nach unten zunehmende Dicke - in Kauf nehmen; weiterhin sind das soge-
nannte "Schwimmen" der Überzüge, die Bildung von Tränen und fetten Kanten an der Unterseite und den unteren Rändern unangenehm. Beim Herstellen
der Überzüge durch Spritzen und Tauchen läßt sich in vielen Fällen durch
Anwendung elektrostatisch-physikalischer Verfahren eine Reihe von Verbesserungen erzielen. Diese Verfahren liegen dem elektrostatischen Spritzen
und Tropfenabziehen zugrunde und wurden in den Vereinigten Staaten von
Nordamerika 1938 von HAROLD RANSBURG in Indianapolis entwickelt. Zunächst
wurden die neuen Verfahren im Betriebe des Vaters des Erfinders, The Har-
per J. Ransburg Co. in Indianapolis benutzt; nach dem Kriege fanden sie
aber auch schnell in vielen Firmen in den Vereinigten Staaten und bald
auch in England Eingang (1). In Deutschland wurden sie bisher wenig be-
achtet, verdienen aber wegen vieler mit ihnen verbundener Vorteile Be-
achtung. Im folgenden sollen deshalb zunächst die physikalischen Grundlagen besprochen und dann die Anwendungsbereiche genannt werden.

## II. Physikalische Grundlagen

Die Erscheinungen, die dem elektrostatischen Spritzen zu Grunde liegen,
sind seit mehr als 12o Jahren bekannt und zuerst wohl von HOHLFELD, Ma-
thematiker an der Thomasschule in Leipzig, und RAFINESQUE beobachtet wor-
den. HOHLFELD (2) führte folgenden Versuch durch: In einen Raum zwischen
zwei Elektroden in einem Glasrohr wurde Tabakrauch eingeblasen. An die
Elektroden wurde eine hohe Gleichspannung gelegt. Dadurch verschwand der
Rauch sofort und schlug sich an den Elektroden nieder. Der hierbei sich
abspielende Vorgang wurde schon bald erkannt. Die hohe Spannung veran-
laßte die Elektroden, an ihren Spitzen in den Zwischenraum Elektronen
bzw. Ionen abzugeben (Spitzenentladung). Die in der Luft schwebenden
Rauchteilchen wurden mit den Ionen beladen und bewegten sich in dem elektrostatischen Feld zu den Elektroden, wo sie sich niederschlagen. Die Möglichkeit, dieses Verfahren zur Reinigung von Gasen, in denen Schwebeteilchen suspendiert sind, zu benutzen, wurde klar erkannt, und man beschäf-
tigte sich auch bald mit dem Entwurf und Bau technischer Gasfilter. Der
Erfolg war jedoch solange nicht recht zufriedenstellend, als man auf die
Influenzmaschine, die HOHLFELD benutzte, als Quelle hochgespannten Gleich-
stroms angewiesen war, und solange man die dem HOHLFELD'schen Versuche
zu Grunde liegenden Vorgänge noch nicht genügend durchleuchtet hatte. Als
die moderne Hochspannungstechnik Maschinen und in den Hochspannungswand-
lern und Gleichrichtern Anlagen lieferte, die einen hochgespannten Gleichstrom mit ausreichender Energie zu entnehmen gestatteten, gingen der Ame-
rikaner COTTRELL (3) und der Deutsche MÖLLER (4) nach den vorherigen Versuchen von OLIVER LODGE, HUTCHING und WALKER (1885) an die Erstellung
großtechnischer Anlagen. Derartige Anlagen werden vielseitig eingesetzt:
teils zur Befreiung der Umgebung industrieller Anlagen von Flugasche,
Rauchteilchen, Zement- und Kalkteilchen aus Schornsteinabgasen, teils zur
Gewinnung reiner Gase, z.B. der Gichtgase des Hochofens, von Gasen in
chemischen Betrieben, vielfach aber auch zur Rückgewinnung fester oder
flüssiger Teilchen wie in Metallhütten, Entstauben von Brüden in Brikett-
fabriken. Der Nutzen dieser Anlagen ist bedingt durch die hohe Rückge-
winnungsausbeute, die weitgehende Reinigung, den niedrigen Energiever-
brauch und die einfache Bedienung.

Während der Zweck der Elektrofilter das Niederschlagen der von den Gasen mitgeführten Schwebeteilchen ist, wird beim elektrostatischen Spritzen eine gleichartig aufgebaute Anlage benutzt, um die zerstäubten Überzugsmittel auf das Werkstück niederzuschlagen. Zur Erläuterung der Vorgänge, die sich beim elektrostatischen Spritzen abspielen, können deshalb die Erkenntnisse dienen, die bei dem Studium der "Elektrofilter" gewonnen wurden (5), (6), (7).

## a) Das elektrostatische Feld und Entladungsformen

Die Elektrofilter werden als Röhren- und Plattenfilter ausgebildet. Im letzteren Falle werden zwischen den die Kammerwände bildenden parallelen Platten Drähte in Form eines Netzes mit der Netzebene parallel zur Plattenebene gespannt. Zwischen den Drähten und Platten als Elektroden bildet sich ein inhomogenes elektrostatisches Feld aus, wenn an diese Elektroden eine konstante oder pulsierende Gleichspannung gelegt wird. Das Feld wird von der räumlichen Verteilung, Größe und Form der Elektroden und von dem Zustand des dazwischen befindlichen Mediums, des Dielektrikums bestimmt. Die Drähte werden an den negativen und die Platten an den positiven Pol der Gleichspannungsquelle gelegt.

Zwischen einem solchen Elektrodenpaar können verschiedene Arten der Entladung auftreten, unselbständige und selbständige Entladung. Immer in der Atmosphäre enthaltene Ionen werden durch natürliche Ionisatoren - Strahlung radioaktiver Substanzen, Höhenstrahlung, Reibung, mechanische Aufspaltung usw. - erzeugt und je nachdem, ob sie positiv oder negativ geladen sind, von den negativen oder positiven Elektroden angezogen und dort neutralisiert (Townsend-Strom); hierdurch erfolgt die unselbständige Entladung. Sie setzt ferner ein, wenn die Spannung einen kritischen Wert erreicht. Für die unselbständige Entladung gibt es verschiedene Formen. Um die negative Elektrode bilden sich eine Raumladung und Sprühzone aus, die davon abhängige Glimmentladung und Korana-Entladung. Die Ladungsträger werden nicht nur im Gase, sondern auch in der Kathodenoberfläche erzeugt; durch den Aufprall positiver Ionen werden Elektronen ausgelöst (Glimmentladung). Wird das Feld auf den Elektroden durch die Oberflächenladungen hervorgerufen, dann ist die räumliche Verteilung der Elektroden wesentlich für die Entladung (Townsend- oder Korona-Entladung).

Abb. 1 zeigt die Existenzbereiche dieser Entladungsformen in Abhängigkeit vom Gasdruck und der Stromdichte. Beim Überschreiten der kritischen Werte gehen beide Formen in die der Bogenentladung über, die weder für die Filterung noch für das Farbspritzen verwendbar ist.

## b) Teilchenaufladung und Kräfte im elektrostatischen Feld

Die Partikel, die in dem ionisierten Feld schweben, erfahren dadurch eine Aufladung, daß an sie Ionen absorbiert werden, die ihre Ladung dabei mit der des Partikels verbinden.

Auf das ankommende Ion im Abstand r vom Mittelpunkt des Teilchens werden folgende Kräfte wirksam:

a. Die äußere Feldkraft

$$K_f = \left(1 + 2\,\frac{D-1}{D+2}\right) E \cdot \varepsilon,$$

b. Die Coulomb'sche Kraft

$$K_c = -\frac{n \cdot \varepsilon^2}{r^2},$$

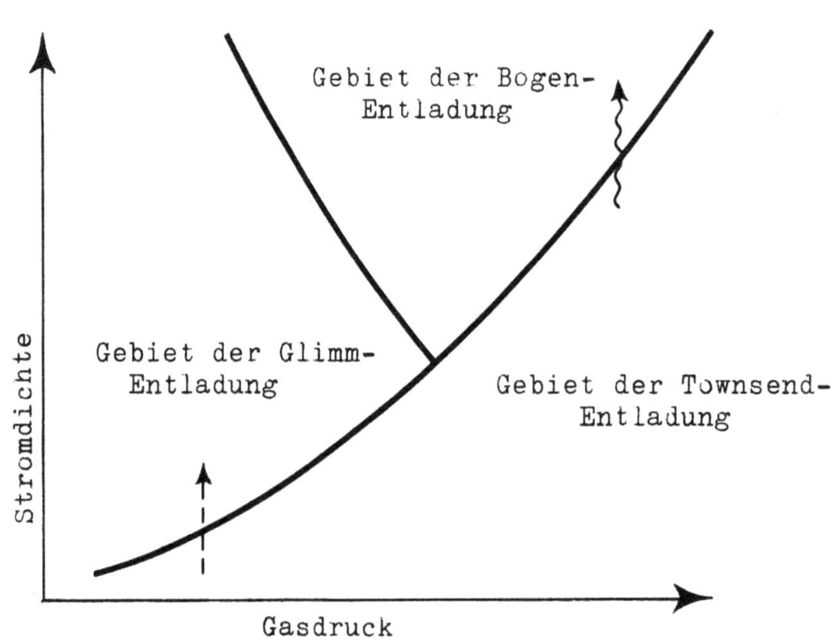


A b b i l d u n g  1

Existenzbereiche der Entladungsgebiete in
Abhängigkeit von Stromdichte und Gasdruck

c. Die aus der Influenz herrührende Kraft

$$K_i = \frac{\mathcal{E}^2}{4(r - \rho)} \, .$$

Darin ist:

  D die Dielektrizitätskonstante des Teilchens,

  E die Feldstärke am Ort des Teilchens,

  $\mathcal{E}$ die Ladungseinheit,

 n . $\mathcal{E}$ die Ladung des Teilchens mit n Einheiten,

  $\rho$ der Teilchenradius und

  r der Abstand zwischen dem Teilchen und dem Ion.

Abb. 2 zeigt die Größe dieser Kräfte in Abhängigkeit vom Teilchenradius $\rho$

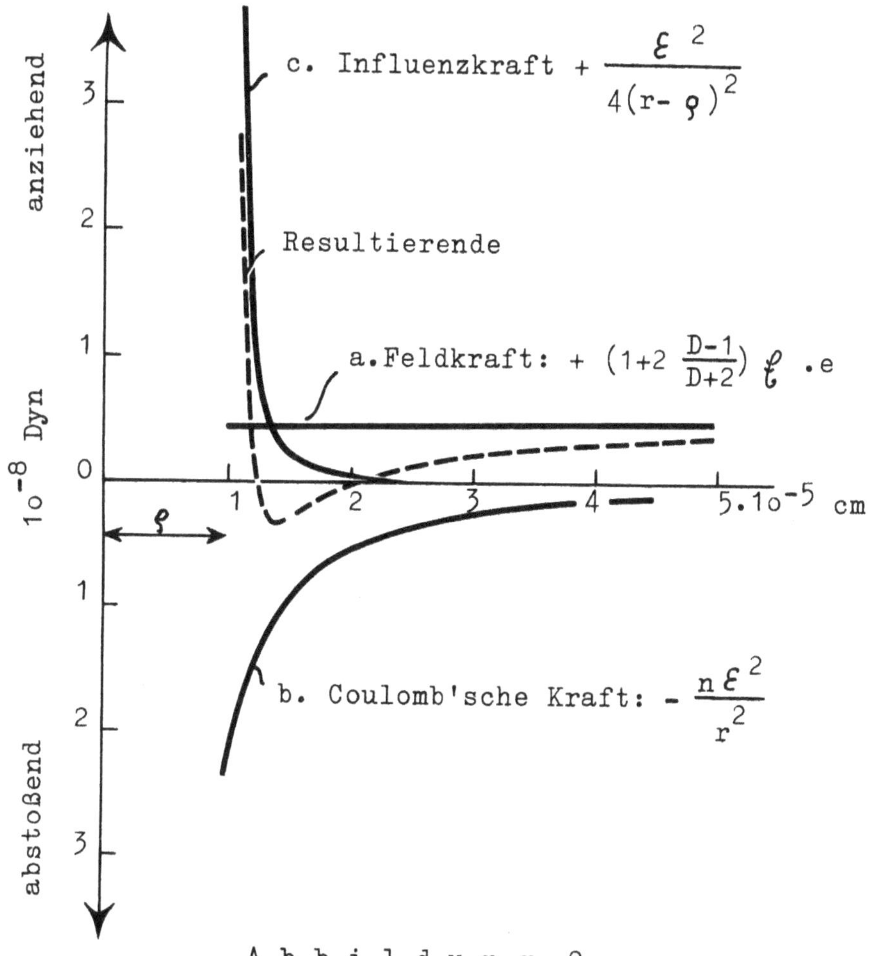


A b b i l d u n g  2

Überlagerung der Kräfte bei der Teilchenaufladung

Die Aufladung eines Teilchens in einer Ionenwolke verläuft z.B. nach Abb. 3. Der Verlauf wurde nach dem Schwebefeldverfahren von MILLIKAN aufgenommen. Wie ersichtlich, strebt die Aufladung einem konstanten Grenzwert zu. Daneben treten jedoch auch spontane Entladungen des Teilchens nach Abb. 4 auf, die sich folgendermaßen erklären:

Beim Erreichen einer gewissen Ladungsdichte eines Vorzeichens werden die Ionen des entgegengesetzten Vorzeichens verstärkt angezogen und zur Vereinigung gebracht. Durch den damit verbundenen scheinbaren Ladungsverlust wird die abstoßende Kraft auf Ionen desselben Vorzeichens abgeschwächt; dadurch werden deren weitere Vereinigungen mit dem Partikel erleichtert.

Das in dieser Form aufgeladene Teilchen unterliegt im elektrostatischen Feld folgenden Kräften: Von den elektrischen Kräften wirken unmittelbar auf das geladene Teilchen die Coulomb'sche Kraft und auf das ungeladene Teilchen die Gradientkraft, mittelbar bzw. elektromechanisch der Ionenwind.

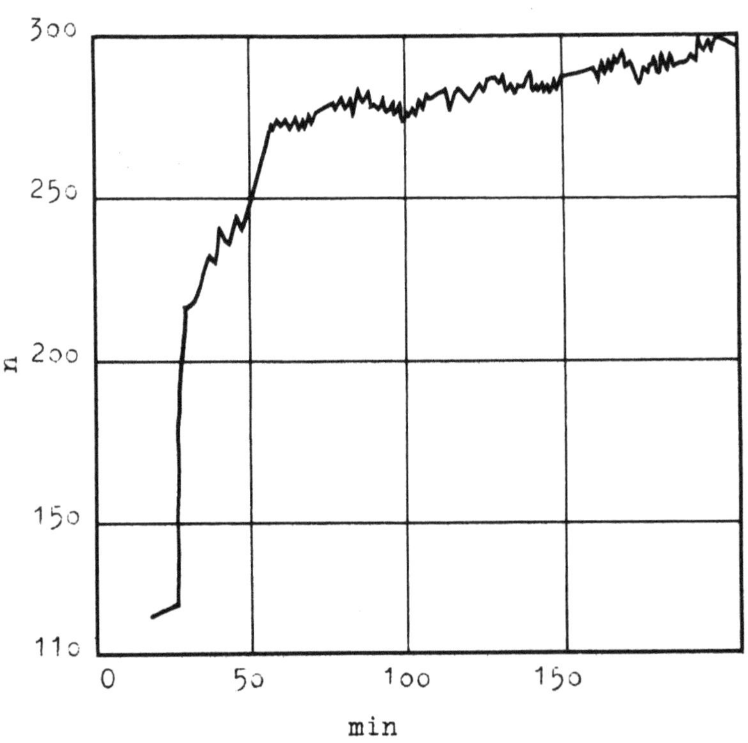



A b b i l d u n g 3
Aufladen des Teilchens im Feld

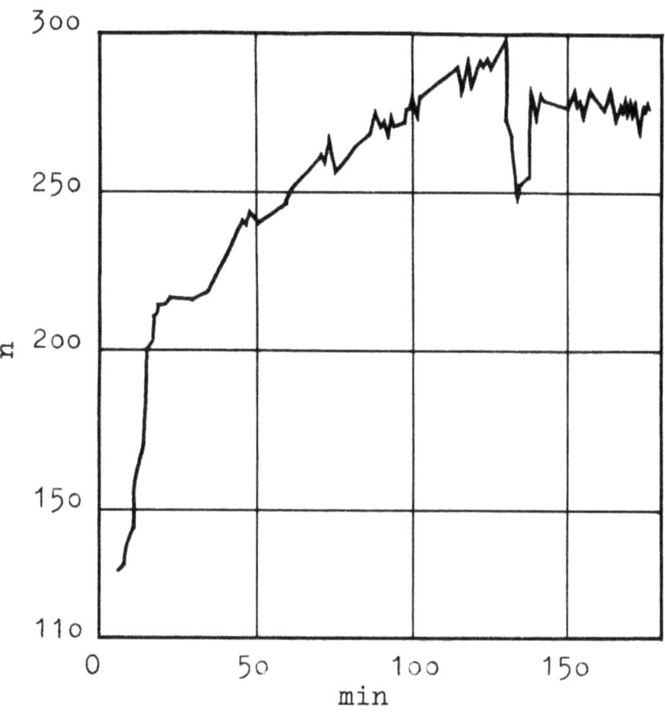


A b b i l d u n g   4

Beispiel einer spontanen Entladung

Als mechanische Kräfte wirken Eigenbewegungsgröße und Schwerkraft. Unter
der Annahme hinreichend kleiner Teilchen, die das Feld nicht beeinflussen,
kann die Coulomb'sche Kraft angenommen werden zu

$$K_c = \frac{n \cdot \varepsilon \circ E}{r^2}$$

Die Gradientkraft im inhomogenen Feld auf das Teilchen beträgt:

$$K_g = \left(\frac{D - 1}{D + 2}\right) \frac{\varrho^3}{2} \ \text{grad} \ E^2$$

Diese ist also nicht von der Ladung $n \cdot \varepsilon$ des Teilchens, sondern von seinem Radius $\varrho$ bestimmt. Ihre Richtung ist die von grad $E^2$, also in Richtung der größten Feldstärke. Außerdem nimmt sie mit der Dielektrizitäts-
konstanten D zu, da

$$\lim_{D \longrightarrow \infty} \frac{D - 1}{D + 2} = 1$$

Da für Gase allgemein die Dielektrizitätskonstante annähernd 1 ist, wird für die zwischen den Gittern befindliche Gasatmosphäre die Gradientkraft praktisch gleich Null:

$$K_g \text{ (Gase)} = 0$$

Die Eigenbewegungsgröße der Teilchen entspricht der des tragenden Mediums (Gas, Luftstrom) in Größe und Richtung.

Die Sinkgeschwindigkeit kugelförmiger Teilchen beträgt

$$v \text{ (cm/sec)} = \frac{2}{9} \frac{g \cdot \eta}{\gamma \cdot \varrho}$$

worin $\varrho$ wieder der Teilchenradius, $g$ die Erdanziehung, $\gamma$ das spezifische Gewicht und $\eta$ die Zähigkeit des tragenden Mediums darstellt.

Für Luft ist

$$\eta = 1,7 \cdot 10^4 \frac{g \cdot sec}{cm^2}$$

Die auf das Teilchen einwirkenden Einzelkräfte lassen sich zu der resultierenden Gesamtkraft $K_{ges}$ addieren.

Nach der Stokes'schen Gleichung ergibt sich die Bewegung eines kugelförmigen Teilchens auf Grund der Gesamtkraft

$$v \text{ (cm/sec)} = K_{ges} \cdot \frac{1}{6 \pi \eta \varrho}$$

Der enge Geltungsbereich dieser Formel ist auf Reynolds'schen Zahlen

$$Re \ll 1,$$

also langsame Bewegungen beschränkt, jedoch in guter Annäherung noch bis

$$Re < 10$$

gültig (7).

### c) Bewegung der Teilchen und Beaufschlagen der Werkstücke

Die Teilchen, die unter der Kraft des Feldes nun der positiv gepolten Niederschlagselektrode zuwandern, geraten in deren Nähe in die Einwirkung der um die Elektrode herum infolge des höheren Spannungsgefälles gesteigerten Gradientkraft. Sie streben dabei dem stärksten Gefälle nach, das sich um die Spitzen und Vorsprünge der Niederschlagselektrode besonders stark ausbildet.

Die Veränderung des Spannungsgefälles durch die Form der Gegenelektrode läßt sich durch die Modellversuche im elektrostatischen Trog veranschaulichen. Die dazu benutzte Apparatur zeigt Abb. 5. Von der Wechselstromquelle 1 wird über einen Transformator 3 Wechselstrom durch das Elektrodenmodell 12 und das Werkstückmodell 13 in einen Trog 1o geleitet. Dieser Trog ist mit einer schwach leitenden Flüssigkeit gefüllt. Gleichzeitig läuft der Strom im Nebenschluß über den Widerstandsdraht einer Meßbrücke 5. In den Trog taucht eine Sonde 7, die über ein Milliamperemeter 14 mit dem Abgreifer 6 auf der Meßbrücke verbunden ist. Die Stellung des Abgreifers entspricht einem entsprechenden Spannungsgefälle im Bad zwischen den Elektroden. Nach der Beziehung zwischen Strom, Spannung und Widerstand entspricht eine Linie, auf der die Sonde durch das Bad fährt, ohne daß zwischen Sonde und Abgreifer Strom fließt, einer Linie gleichen Spannungsabfalles zwischen den Elektroden. Auf diese Weise sind die folgenden Bilder aufgenommen, die die Spannungsverteilung zwischen den Elektroden zeigen. Zu den Linien gleichen Spannungsgefälles können die Feldlinien als orthogonale Trajektorien der Äquipotentiallinien ermittelt werden. Die Abbildungen 6 bis 8 zeigen den Verlauf der Äquipotentiallinien und der Feldlinien zwischen punktförmigen und gitterförmigen Elektroden einerseits und verschieden geformten Gegenelektroden andererseits. Der Spannungsabfall um die Spitzen sowie konvexe Flächen herum ist deutlich sichtbar.

In einem nichtleitenden Bad (Petroleum) mit darin suspendiertem staubförmigen Halbleiter (Chininsulfat) läßt sich der Feldlinienverlauf mit großer Gleichspannung (2o kV) ebenfalls leicht zeigen (Abb. 9). Diese Feldbilder lassen sich durch Dazwischenstellen leitender, influenzierbarer Körper oder isolierender Schirme stark ändern. Wieweit sich jedoch der Medollcharakter solcher Versuche im leitenden Medium auf die Verhältnisse im nichtleitenden Medium übertragen läßt, steht noch dahin.

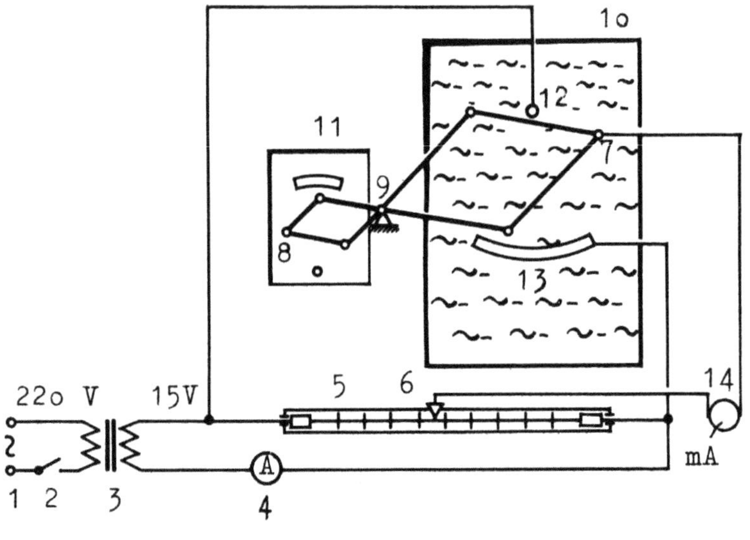


A b b i l d u n g  5

Schema des elektrostatischen Troges

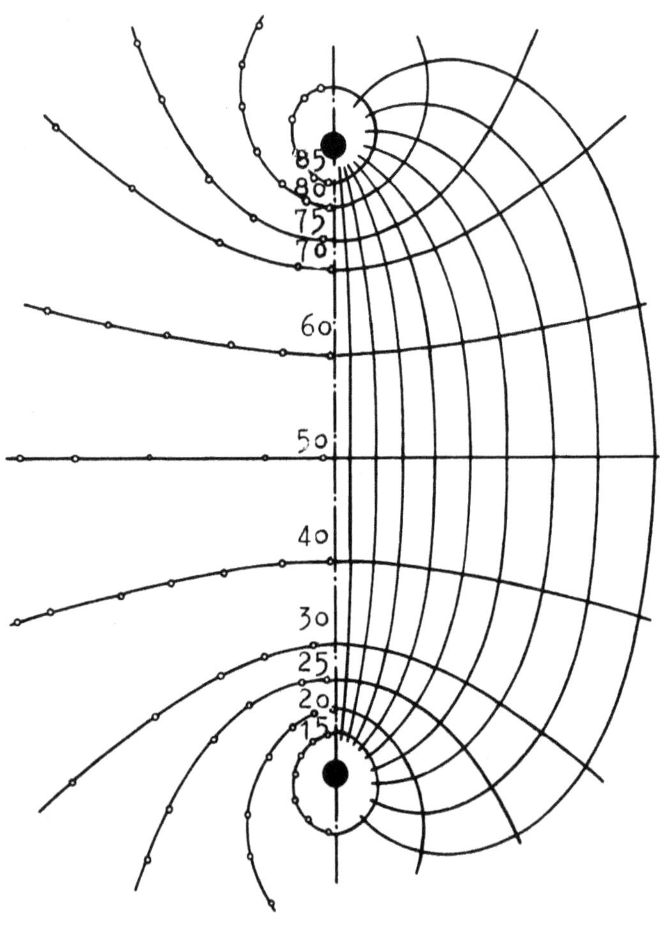


A b b i l d u n g  6

Niveaulinien und Feldlinien zwischen punktförmigen Elektroden

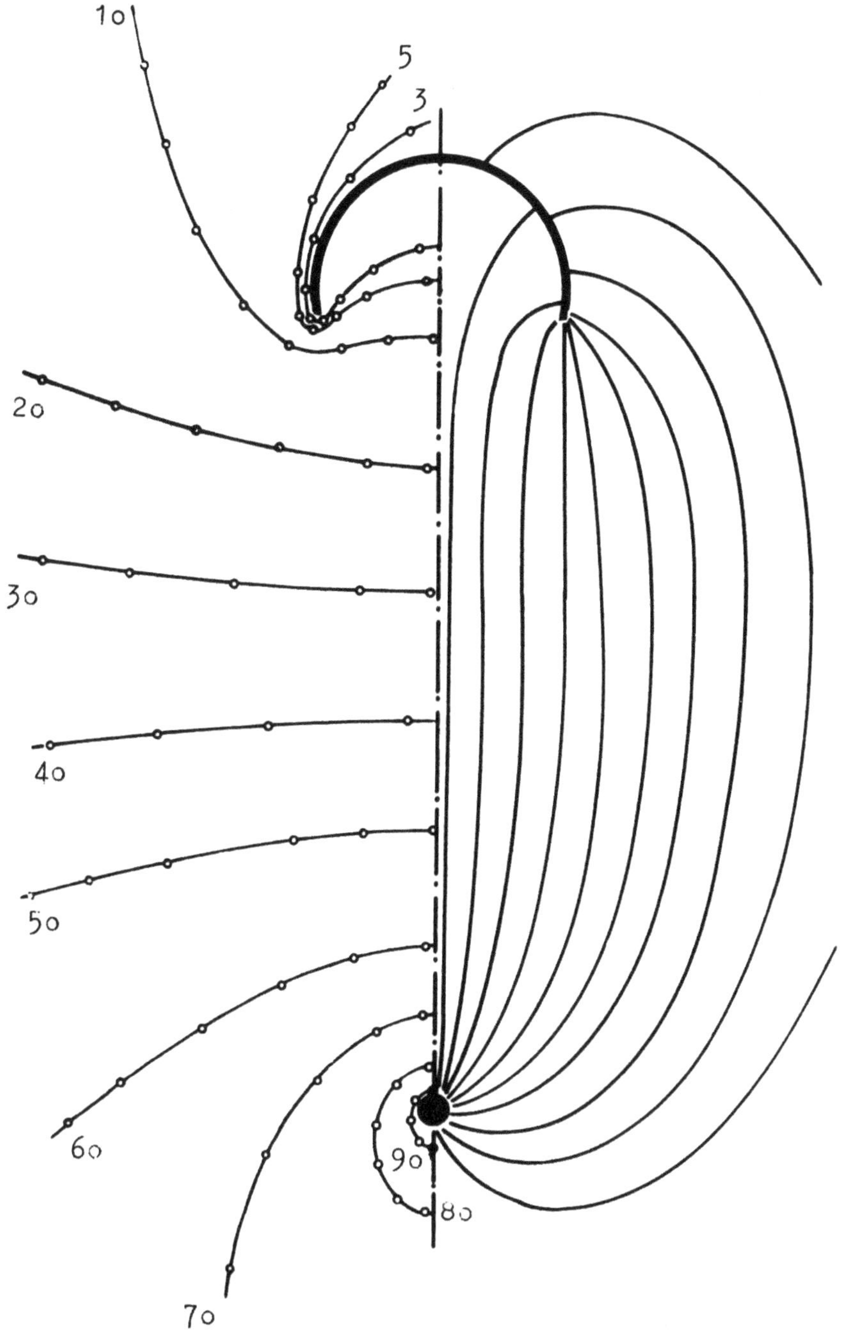



A b b i l d u n g 7

Niveau- und Feldlinien zwischen punktförmiger
und konkaver Elektrode

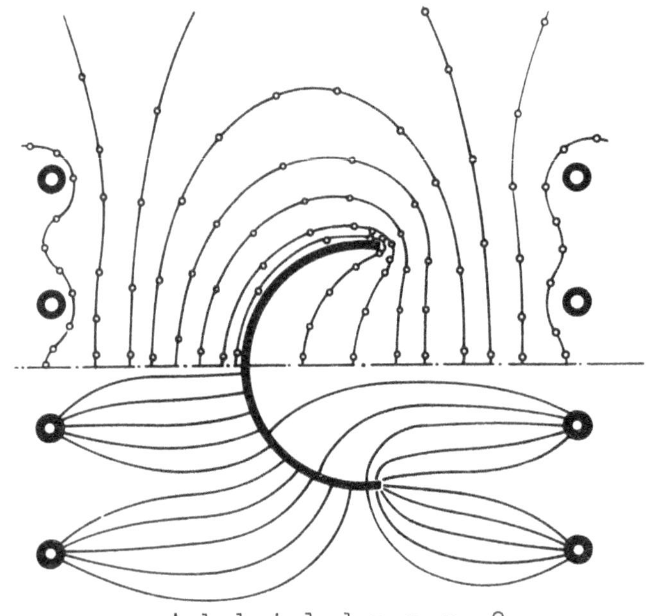

A b b i l d u n g  8

Niveau- und Feldlinien zwischen Doppelgitter
und konkaver Elektrode

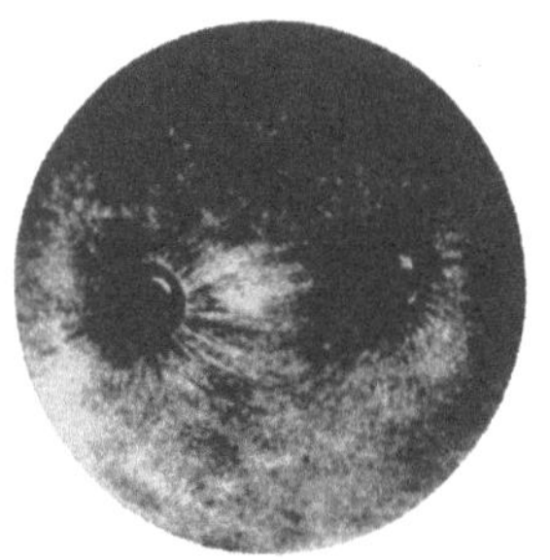

Entgegengesetzt geladene
Zylinder

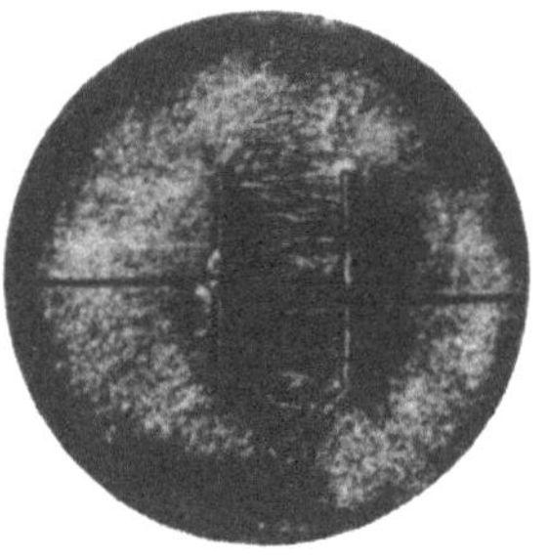

Entgegengesetzt geladene
Platten (Wirkung des Randes)

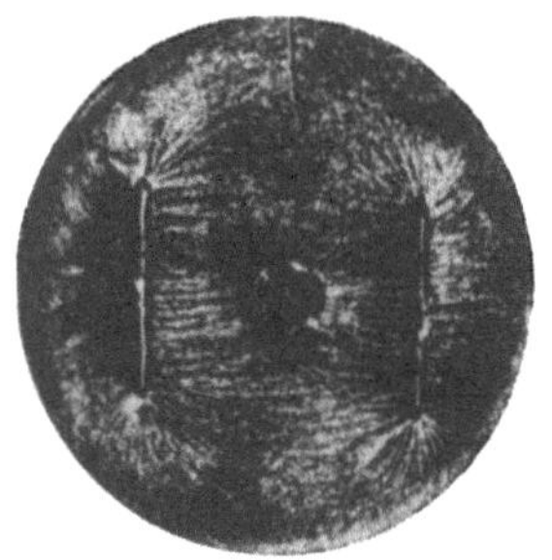

Zwei entgegengesetzt geladene Platten, dazwischen ein zur
Erde abgeleiteter Zylinder

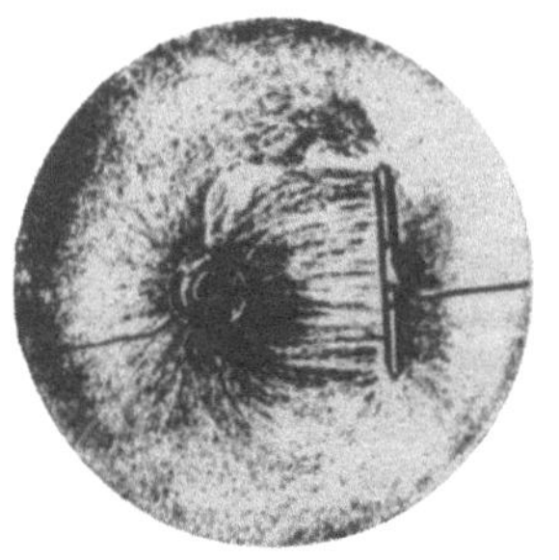

Platte und Zylinder

A b b i l d u n g  9

Felddarstellung im Petroleumbad zwischen verschiedenen
Elektroden, Suspension von Chininsulfat

## III. Anlagen zum elektrostatischen Spritzen

Die technische Anwendung des elektrostatischen Feldes zur Entstaubung
von Abgasen u.ä. ist schematisch in Abb. 1o dargestellt. Vom Netz 1 wird
der Primärstrom über eine Sicherung 2 und den Schalter 3 auf den Hoch-
spannungsumformer 4 gegeben. Der Sekundärstrom wird über mechanische Röh-
ren- oder Trockengleichrichter 5 gleichgerichtet und durch einen Konden-
sator 6 geglättet. Dem Gitter 7 im Luftfilter 9 wird die negative Spannung angelegt, den Niederschlagsplatten 8 die positive Spannung. Das zu
reinigende Gas gelangt beim Durchfluß durch den Filter zwischen das Gitter und die Platten des elektrostatischen Feldes. Dabei werden die Fremd-
partikel in der oben beschriebenen Form aufgeladen und an den Platten
niedergeschlagen. Durch eine Rüttelvorrichtung werden die Platten gele-
gentlich gereinigt.

Eine Zelle aus zwei Gittern und einer Platte eines Luftfilters stellt
den prinzipiellen Aufbau der elektrostatischen Farbspritzanlage dar, wie
sie in Abb. 11 schematisch aufgezeichnet wurde. Die Werkstücke 1o am
Bandförderer 9 sind die Niederschlagselektrode, und der ins Feld durch
die Lackdüsen 7 hineingesprühte Farbnebel ist die Verunreinigung. Ein

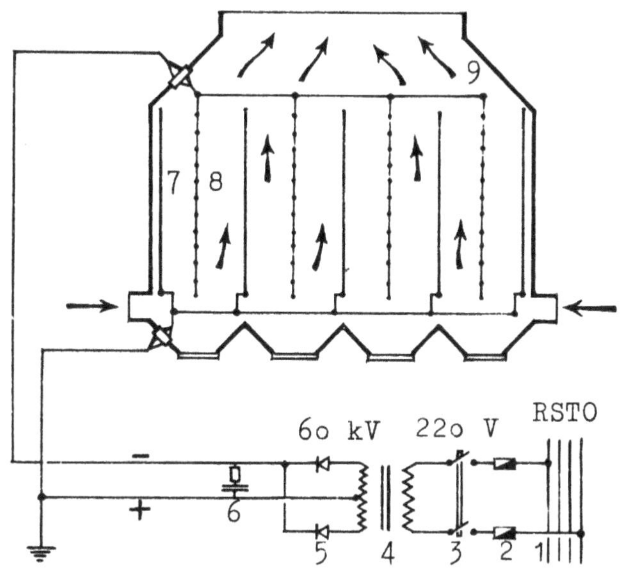



A b b i l d u n g  1o

Schema einer Elektrofilteranlage (Plattenfilter)

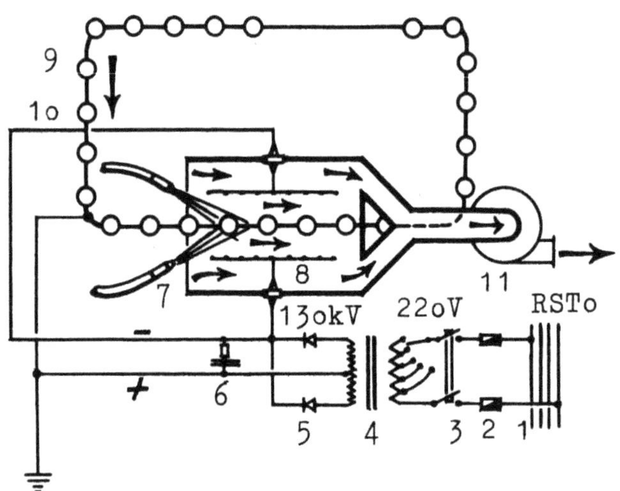


A b b i l d u n g  11

Schema einer elektrostatischen Farbspritzanlage

Gebläse 11 verhindert gefährliche Konzentrationen von Farbverdünner-Nebel
im Spritzraum. Die Farbspritzkammer unterscheidet sich in der gezeigten
Ausführung von der Gasreinigungsanlage nur durch kleine technische Unterschiede. So kann z.B. die Gleichrichtung bei dem Strombedarf von nur 1
bis 7 mA über Ventilröhren oder Trockengleichrichter erfolgen. Letztere
sind wegen der niedrigeren Welligkeit des Spannungsbildes sowie des Weg-
falles der Funkenbildung und der damit verbundenen Rundfunkstörung mechanischen Gleichrichtern vorzuziehen. Die Abb. 12 zeigt die Strom- und
Spannungsoszillogramme beim Betrieb mit mechanischem Gleichrichter (a)
und mit Röhrengleichrichter bei Einweg- (b), Zweiweg- (c) und Drehstrom-
gleichrichtung (d). Die durch den Abreißfunken erzeugte hochfrequente
Nachschwingung (in a sichtbar) beim mechanischen Gleichrichter ist für
die Rundfunkstörung verantwortlich. In diesem Falle ist der Einbau einer
Abschirmung (Störschutz) unerläßlich.

Die Zwischenschaltung des Kondensators bewirkt eine Glättung der Spannung
und ist zur Aufrechterhaltung der Entladungsspannung über die ganze Welle
erforderlich.

Wie bei der Elektrofilterung wird auch hier das Gitter negativ gepolt,
während das Werkstück und der Förderer an den positiven Pol gelegt und
geerdet werden. Das Emissionsgitter wird in allen Fällen zweckmäßig so
ausgebildet, daß es das Werkstück von 3 Seiten umschließt. Über einen

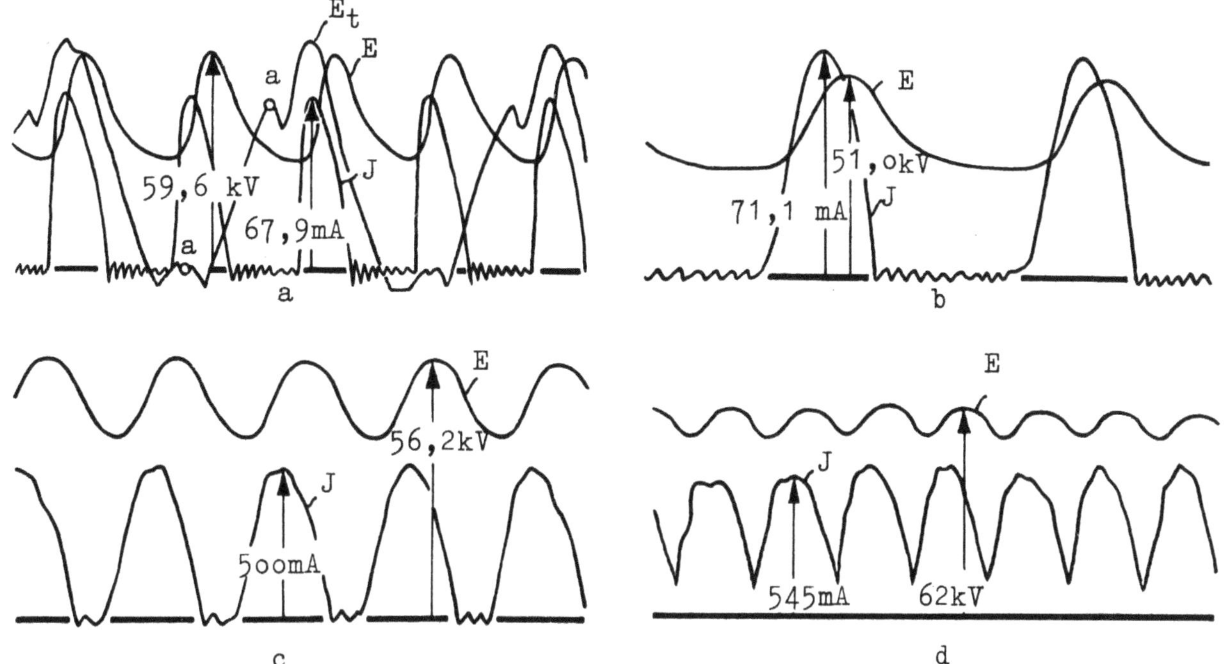



A b b i l d u n g  12

Oszillogramme von Gleichrichter-Effekten bei

a) Einphasen-Vollwellenbetrieb mit mechanischem Gleichrichter

b) Einphasen-Halbwellenbetrieb mit Ventilröhre

c) Einphasen-Vollwellenbetrieb mit Ventilröhren

d) Drehstrom-Halbwellenbetrieb mit Ventilröhren

$E_t$  Transformatorspannung

E  Gleichspannung

J  Gleichstrom


Rahmen in Rohrkonstruktion wird das Gitter aus o,5 bis o,8 mm dickem Kupferdraht gespannt. Ein Sprühschutz an den Ecken des Rahmens ist nicht vonnöten, da der Sprüheffekt ja gerade erwünscht ist.

Der Lack wird durch eine oder mehrere Lackdüsen unter mäßigem Druck (o,5 bis o,8 atü) in das Feld eingesprüht. Feinste Zerstäubung ist anzustreben, da sich die feinsten Teilchen am längsten im Feld halten und somit der Verlust durch Absinken vermindert wird.

Geeignet sind alle spritzfähigen Lacke und Farben, auch Voranstriche, Lasuren, Emaillen, auch solche mit metallischer Suspension (Aluminium-Fischhautlacke). Bei letzteren ist wegen des höheren dielektrischen Wertes der

Metallkomponente eine stärkere Auswirkung der Feldkraft bei der Aufladung, sowie der Gradientkraft bei der Bewegung des Teilchens zu erwarten.

Die Stellen am Werkstück, an denen eine elektrostatische Beaufschlagung aus den oben angegebenen Gründen nicht zu erwarten ist, werden durch die Richtung des Sprühkegels direkt getroffen. Ein Drehen bzw. ein Abrollen der Werkstücke im Spritzraum verbessert die Gleichmäßigkeit des Lackauftrages. Aus der Spritzkammer wird die Luft mit etwa 0,2 m/s herausgesaugt, um eine Anreicherung der Atmosphäre mit verdunstetem Verdünnungsmittel zu vermeiden. Bei Funkenüberschlägen könnte sonst Explosionsgefahr bestehen. Zweckmäßig wird in die Anlage eine automatische $CO_2$-Feuerlöschanlage miteingebaut.

## IV. Anwendungsbeispiele für das elektrostatische Spritzen

Die Anwendung des Verfahrens sei durch einige Abbildungen erläutert, welche für die sich ergebenden Möglichkeiten charakteristisch sind.

Abb. 13 zeigt das Spritzlackieren von Fahrradlampen (8). Diese sind magnetisch auf die Tragstäbe aufgespannt, die sich an den Rollträgern rundrollen. Die Lackeinspritzung erfolgt von 2 Seiten. Aber auch gänzlich formverschiedene Werkstücke können in einer Kabine gespritzt werden, wie Abb. 14 zeigt. Es handelt sich hier um das Emaillieren von Zylindern und Rahmen von Gasbadeöfen. Also auch da, wo verschiedene Teile denselben Lack- oder Farbüberzug erhalten, ist die Installation zu erwägen. Von Interesse dürfte auch die Anwendung nach Abb. 15 sein, wo Blechstühle lackiert werden. Gerade bei Rohrteilen u.ä. ist der Lackverlust sehr hoch. Hierbei werden von Verbraucherfirmen Lackersparnisse bis zu 5o % und mehr angegeben. Allerdings ist an einzelnen elektrostatisch abgeschirmten Stellen etwas Nacharbeit von Hand erforderlich.

Die Anwendbarkeit erstreckt sich auch auf nichtmetallische Körper wie z.B. in Abb. 16 gezeigt, hölzerne Pfeffermühlen; der natürliche Feuchtigkeitsgehalt des lufttrockenen Holzes reicht dazu aus, das Feld aufrechtzuerhalten. Ebenso können Tennisschläger, Wandverkleidungen u.a.m. gespritzt werden. Eine Anwendung in der Kraftfahrzeugindustrie (8) zeigt Abb. 17; hier werden Karosserien gespritzt. Die Verwendung sehr breiter Sprühkegel fördert die gleichmäßige Lackverteilung.

A b b i l d u n g  13

Spritzlackieren von Fahrradlampen; magnetische Aufspannung der Werkstücke

A b b i l d u n g  14

Emaillespritzen von Badeofenteilen

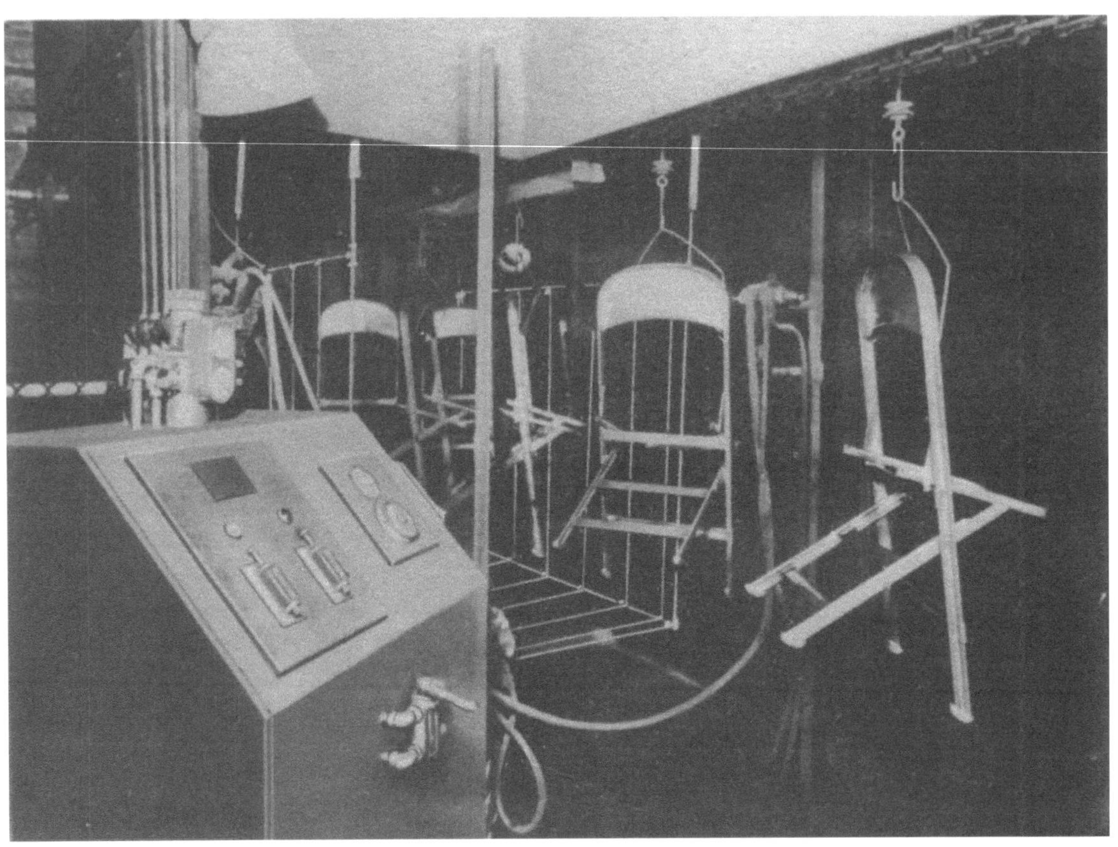

**A b b i l d u n g  15**

Spritzlackieren von Blechstühlen; Nacharbeit von Hand erforderlich

**A b b i l d u n g  16**

Anwendung beim Lacküberziehen von hölzernen Drehteilen;
Vor- und Nachlackierung in derselben Kabine

**A b b i l d u n g  17**

Spritzen von Auto-Karosserien; mehrere breite Sprühkegel

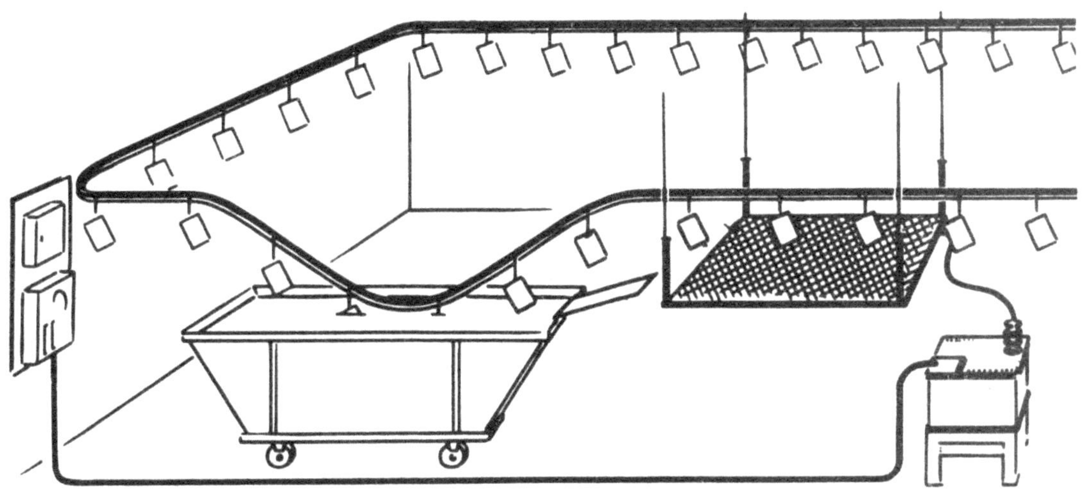

**A b b i l d u n g  18**

Elektrostatisches Tropfenabziehen, schematische Darstellung

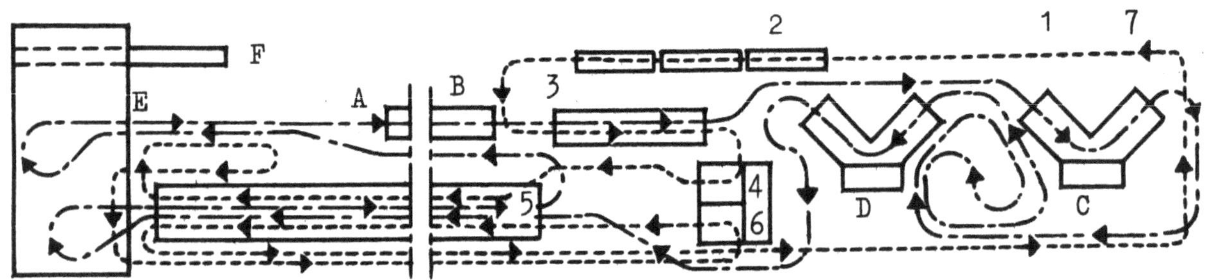

A b b i l d u n g   19

Bodenausnutzung in einer Stahlmöbelfabrik

| | | | |
|---|---|---|---|
| .... | Spritzen von Möbelteilen | C | Voranstrich |
| -.-. | Spritzen von Blechschränken | D | Fertiganstrich |
| A | Beschicken | E | Abhängen |
| B | Tauchreinigen | F | Behälter für Verpackungsmaterial |

| | | | | | | | |
|---|---|---|---|---|---|---|---|
| 1 | Beschicken | 3 | Trocknen | 5 | Trockenofen | 7 | Abhängen |
| 2 | Tauchen, Reinigen | 4 | Voranstrich | 6 | Fertiganstrich | | |

Ein typisches Beispiel für die gute Planung einer solchen Anlage zum
Spritzen von Metallschränken und Stahlmöbelteilen (8) gibt Abb. 19. Dieses Arbeitsflußbild einer amerikanischen Metallmöbelfabrik zeigt beste
Ausnutzung des Bodens, mehrfache Benutzung der gleichen Einrichtung (Trokkenofen) und andere vorbildliche Einzelheiten. Insbesondere die Labyrinthanordnung zur Erreichung entsprechend langer Trockenwege ist beachtenswert. Es liegen insgesamt 3oo m Bandförderer auf engstem Raume aus.


## V. Elektrostatisches Tropfenabziehen

Dem elektrostatischen Tropfenabziehen liegen die gleichen physikalischen
Erscheinungen zugrunde wie dem Spritzen. Abb. 18 zeigt schematisch eine
Anlage (8). Das Lackiergut taucht in ein Lackbad, läuft beim Verlassen
über ein Abtropfblech und weiter über einen Gitterrost, der in diesem
Fall positiv gepolt ist. Von den geerdeten Werkstücken, und zwar gerade
von den mit Tropfen und fetten Kanten behafteten unteren Kanten ausgehend,
setzt ein lebhaftes Absprühen des überschüssigen Lackes zum Gitter hin ein.

Nach dem Verlassen des elektrostatischen Feldes sind die Werkstücke von dem überschüssig anhaftenden Lack befreit.

Die Wirkungsweise des Verfahrens läßt sich sehr schön bei folgendem Versuch (Abb. 2o bis 22) verfolgen: Ein tauchlackiertes Teil vor Einschalten des Feldes, mit eingeschaltetem Feld und nach dem Absaugen.

Das Verfahren läßt sich auf nichtmetallische Werkstücke anwenden.

Beim Tropfenabziehen ergibt sich keine so große Ersparnis wie beim Farbspritzen (vgl. den folgenden Abschnitt), jedoch stellt dieses Verfahren eine Verbesserung des Tauchlackierens durch die Unterdrückung einiger Nachteile dar. Auch hier ist bei genügenden Stückzahlen der Wert der Verbesserung an der Lackoberfläche bei der Kalkulation zu berücksichtigen.

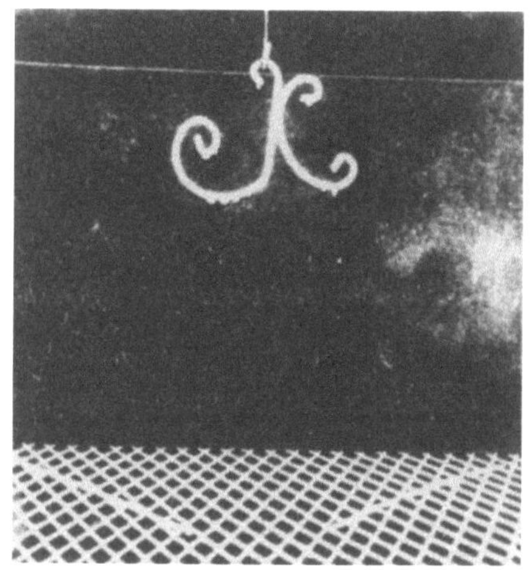

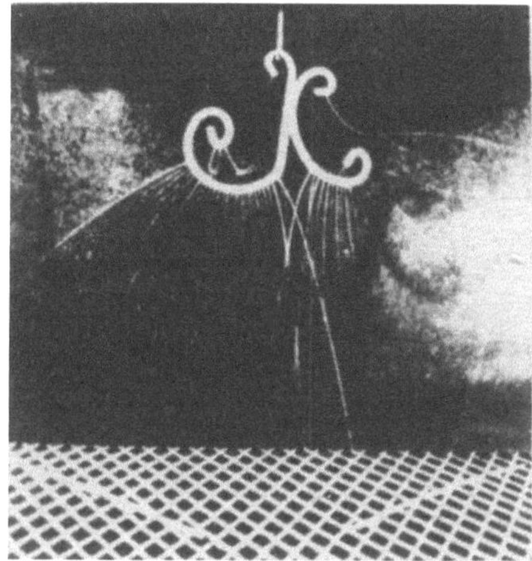

| Abbildung 2o | Abbildung 21 | Abbildung 22 |
|---|---|---|
| Tropfenabziehen: Werkstück vor dem Einschalten des Feldes | Tropfenabziehen: Feld eingeschaltet | Werkstück nach dem Tropfenabziehen |

## VI. Wirtschaftlichkeit

Außer den technischen Verbesserungen, die das elektrostatische Spritzen dem lackverarbeitenden Betrieb bringt, ist eine beachtliche Einsparung an Lack sowie an Handarbeit (bis zu 8o %) zu erzielen. Die hohe Wirtschaftlichkeit ist es, die dem Verfahren zu seiner schnellen Verbreitung verholfen hat. Die Lackersparnis gegenüber dem Spritzen von Hand beträgt zwischen 3o und 75 %, je nach Art und Form des Werkstückes, im Mittel etwa 5o %. Die Lackteilchen, die sich im Kegel des Lacknebels nicht geradlinig auf das Werkstück zu bewegen und bei den üblichen Spritzverfahren vorbeigehen und in den Abzug gelangen, werden im elektrostatischen Felde entsprechend der Richtung der Stromlinien auf das Werkstück hingelenkt (9).

Eine englische Firma, die Ölfässer lackiert, erzielt eine Einsparung an Farbe von 3o bis 35 %. Beim Lackieren von Radfelgen für Kraftwagen wird sogar eine Einsparung von 66 % gegenüber Handspritzen angegeben (1o). Bei diesen Einsparungen ist dieses Verfahren auch wesentlich günstiger als Tauchlackieren mit seinem relativ höheren Lackverbrauch (11). Eine elektrostatische Farbspritzanlage führt die Arbeit von 4 bis 12 Handarbeitern aus und bedarf nur eines Maschinenwärters. Wegen der weitgehenden Regelbarkeit ist eine bessere Oberflächenbeschaffenheit mit weniger Lack zu erzielen. Dadurch wird die Ausschuß-Quote gesenkt. Ferner wird sehr viel Raum eingespart. Mehrere der beim üblichen Spritzen erforderlichen Kabinen können durch eine einzige ersetzt werden. Bei Fließfertigung wiederum kann der Spritzprozeß organisch in den Fertigungsprozeß einbezogen werden.

Auch die Unterhaltskosten dieser Anlage sind niedriger als die der Handspritzanlagen, bei denen infolge des Vorbeispritzens die Kabinen sowie die Abzugsleitungen öfter gereinigt werden müssen. Auf Grund der geringen Ablagerungen von Farbe ist auch die Feuergefahr herabgesetzt.

Weitere Kosteneinsparungen entstehen dadurch, daß statt aus vielen Handspritzkabinen nur aus einer Kabine abgesaugt werden muß. Hierdurch werden Belüftungsanlagen mit Gebläsen und Motoren sowie Betriebkosten eingespart.

Diesen Vorteilen des elektrostatischen Farbspritzens gegenüber dem Handbetrieb stehen höhere Anlagekosten entgegen. Der Anlagewert kann jedoch bei voller Ausnutzung der Anlage in verhältnismäßig kurzer Zeit eingespart werden. Mehrere Verbraucherfirmen geben an, daß neu aufgestellte Anlagen sich in weniger als drei Monaten bezahlt machten.

Wenn man neben diesen reinen Rentabilitätsgesichtspunkten noch die Verbesserung der Arbeitsbedingungen in Betracht zieht, dürfte die Anwendung dieses Farbspritzverfahrens in manchen Fällen anzuraten sein.

# Praktische Erfahrungen mit dem elektrostatischen Farbspritzen in einer Versuchsanlage

Übersicht: Kennzeichnung und Wirkungsweise des Verfahrens; Aufbau der Versuchsanlage; Gesichtspunkte für die Auslegung; Ergebnisse bisheriger Versuche; Werkstücke und Werkstoffe; Lacke bzw. Überzugsmittel; Beispiele durchgeführter Arbeiten.

## I. Kennzeichnung des Verfahrens

Das elektrostatische Farbspritzen, wie es von HAROLD RANSBURG entwickelt wurde (12), beruht auf dem gleichen Prinzip wie die elektrostatischen Gasfilter nach COTTRELL-MÖLLER. Die mit Lack zu überziehenden Werkstücke werden zwischen Flächenelektroden durchgeführt. Die Werkstücke sind an den positiven und die Elektroden an den negativen Pol einer Gleichstromquelle mit hoher Spannung angeschlossen. Die negativen Elektroden werden auf eine so hohe Spannung gebracht, daß sie Elektronen aussenden und eine Koronaentladung auftritt. Die Elektroden werden dazu zweckmäßigerweise als Rohrrahmen ausgebildet, über den parallel zueinander in Abständen von 1oo bis 15o mm Kupferdrähte mit rund 1 bis 1,5 mm Durchmesser gespannt sind. In den Raum zwischen den negativen Elektroden und den positiv angeschlossenen und geerdeten Werkstücken wird das Überzugsmittel in Tröpfchenform zerstäubt eingebracht. Die von der gitterförmigen Elektrode zum Werkstück wandernden Elektronen treffen auf die Lackpartikel und laden sie negativ auf. Die Lackpartikel werden durch die Einwirkung verschiedener Kräfte zu den Werkstücken hinbewegt, im wesentlichen durch Coulomb'sche Kräfte und die Gradientkraft auf dem Wege zum Werkstück in zunehmendem Maße beschleunigt und treffen schließlich mit großer Geschwindigkeit auf das Werkstück auf. Als Hochspannungsquelle dient ein Hochspannungstransformator. Der hochgespannte Wechselstrom kann in üblicher Weise durch Glühventile oder Trockengleichrichter, z.B. Selengleichrichter, gleichgerichtet werden.

Der Weg der Farbtröpfchen wird außer von den vorhin beschriebenen Kräften ferner bestimmt von der Richtung und der Eigengeschwindigkeit, die sie beim Eintritt in den Raum zwischen den Elektroden haben, sowie von der Schwerkraft. Die beste Lackausnutzung ergibt sich, wenn die resultierenden

Kräfte die Lacktröpfchen zum Werkstück hin befördern. Das wird umso eher erreicht, je höher das Spannungsgefälle von negativer Elektrode oder Gitter zur positiven Elektrode oder dem Werkstück ist, bei inhomogenem Feld mit größter Feldliniendichte am Werkstück, und je geringer die Eigengeschwindigkeit der Lacktröpfchen beim Eintritt in den Raum zwischen den Gittern ist.

Die Lacktröpfchengröße ist ebenfalls von Einfluß. Es gibt hierfür einen günstigsten Tröpfchendurchmesser, den zu ermitteln im einzelnen Fall für die Praxis jedoch zu umständlich ist. Bei sehr kleinem Durchmesser wird der Strömungswiderstand im Verhältnis zu den elektrischen Kräften zu groß. Abgesehen davon verdampft der Verdünner bei dem geringen Volumen im Verhältnis zur Tropfenoberfläche zu schnell. Dieser Umstand ist nicht nur wichtig mit Rücksicht auf den Kostenanteil des Verdünners, der sich nur teilweise in den Absaugevorrichtungen wiedergewinnen läßt, sondern auch weil selbst bei relativ geringer Geschwindigkeit des Belüftungsstromes in steigendem Maße Lack abgesaugt wird, da mit abnehmendem Tröpfchendurchmesser früher Gleichgewicht zwischen Strömungswiderstand und elektrischen Kräften eintritt. Wird der Tröpfchendurchmesser größer, so wird der Einfluß der Schwerkraft auf die resultierende Richtung und Geschwindigkeit größer; ferner bildet sich bei den meisten Lacken der Lackfilm auf dem Werkstück unschön aus, und es kommt zu dem sogenannten Orangenschalenmuster. Alle diese Erscheinungen und Wirkungen müssen bei der Erstellung der Anlage und bei der Ausführung des Verfahrens berücksichtigt werden.

## II. Aufbau der Versuchsanlage und Gesichtspunkte für die Auslegung

Die Gesichtspunkte für die Erstellung einer Versuchsanlage zum elektrostatischen Spritzlackieren waren folgende: Bei der hohen wirtschaftlichen und fertigungstechnischen Bedeutung, die einem vollautomatischen Verfahren zukommt, sollte möglichst schnell eine Anlage aufgebaut werden, in der das Verfahren nach RANSBURG vorgeführt und auf seine Eignung für Werkstücke und Überzugsmittel der verschiedensten Art erprobt werden kann.

Ferner sollte das Verfahren in betriebsgleicher oder betriebsnaher Weise angewandt werden und so die Unterlagen schaffen, die zu seiner erfolgreichen Anwendung in bestimmten Fällen für den Entwurf solcher Anlagen benötigt werden.

Die erforderlichen Versuche sind teils qualitativer und teils quantitativer Art und berücksichtigen: Werkstückform und -größe, Werkstoffe, Überzugsmittel, Lackeinstellung wie Viskosität oder Konsistenz, Art, Menge und Flüchtigkeit der Verdünner, Zerstäubungsfähigkeit, Stehvermögen, Verlauf usw., ferner Zerstäubung, Art, Zahl und Anordnung der Zerstäuber (Spritzpistolen), Lackförderung, Zerstäubungsluftdruck und -menge, Lackausbeute.

Auch die übrigen günstigsten Betriebsbedingungen sollten ermittelt werden wie z.B. Form, Größe und Anordnung der Elektroden, Spannung und Strom.

Größe und Ausführung der Anlage wurden bestimmt durch die verfügbaren Mittel, unter Berücksichtigung der vorhandenen Räumlichkeiten und Beschaffungslage bei dem apparativen Teil. Die letztere Frage wurde sehr schnell gelöst durch das große Entgegenkommen der Hochspannungsgesellschaft in Köln-Zollstock, die den Hochspannungstransformator und Regeleinrichtungen kostenlos und leihweise bereitstellte[1], nachdem Bemühungen, diese Geräte von anderen Firmen zu erwerben, gescheitert waren.

Die Versuchsanlage ist in den Abbildungen 23 und 24 dargestellt. Abb. 23 gibt eine Gesamtübersicht. Oben rechts sind erhöht der Hochspannungstransformator für 150 000 V und 30 mA und daneben das Glühventil über dem Heiztransformator angeordnet. Unten in Bildmitte erkennt man die Spritzkabine mit der Bedienungsseite rechts und die an der linken Seite der Kabine angebrachte Absaugeleitung, die zu dem Exhaustor oben links führt. Einfacher und besser läßt sich die Belüftung durchführen durch eine schwach konische Verengung der Kabine bis auf den Durchmesser der Abluftleitung. Dadurch wird die Strömung der Luft über den Querschnitt der Kabine gleichmäßiger verteilt. Durch Drosselbleche im Übergang vom prismatischen zum konischen Teil kann die Geschwindigkeitsverteilung in einfachster und vollkommener Weise beeinflußt werden. In Höhe der Kabinenoberkante erkennt man das Förderband, eine endlose an Rollen aufge-

---

[1] Es ist den Verfassern deshalb eine angenehme Pflicht, der Hochspannungsgesellschaft, insbesondere den Herren Direktor ZIEMS und Dr. BUCHKREMER ihren besonderen Dank auszusprechen. Insbesondere hat Herr Dr. BUCHKREMER auch in der Folgezeit immer bereitwilligst mit seinem Rate geholfen.

A b b i l d u n g  23
Versuchsanlage: Gesamtansicht

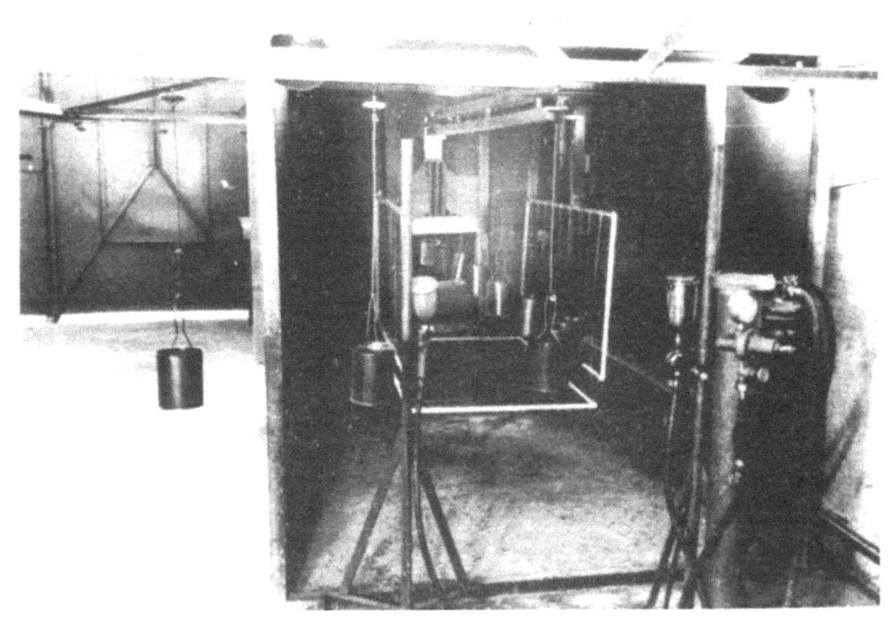

A b b i l d u n g  24
Versuchsanlage: Inneres

hängte Kette. Einen Blick in die Kabine vermittelt Abb. 24. Man sieht in der Mitte drei in U-Form angebrachte und mit Pertinaxstäben an der Kabinendecke aufgehängte Gitterelektroden, vorne an festen Ständern befestigte Spritzpistolen mit Druckregulier- und Meßeinrichtungen, und durch die Kabine durchlaufend eine Reihe von zylindrischen Werkstücken aus Eisenblech.

Die Kabine ist 1600 mm breit, 1650 mm hoch und 2300 mm lang. Sehr viele Werkstücke können in natürlicher Größe (Abmessungen: beispielsweise 300 mm Dmr. x 500 mm oder 500 x 500 bis 500 x 600 bei Blechen oder 260 x 120 x 400 mm bei Kanistern) verarbeitet werden. Für größere Teile werden verkleinerte Modelle untersucht, wobei infolge der geltenden Ähnlichkeitsgesetze sichere Unterlagen für die Übertragung auf natürliche Größe gewonnen werden.

## III. Gesichtspunkte für die praktische Anwendung

Das gegebene Anwendungsgebiet für das elektrostatische Spritzen ist Massen- und Fließfertigung. Dabei ist nicht nötig, daß zu gleicher Zeit nur eine Art von Werkstücken allein behandelt werden kann, sondern auch Teile sehr verschiedener Abmessungen können bei günstiger Form und Anordnung auf der Fördereinrichtung gleichzeitig verarbeitet werden, vorausgesetzt, daß bei Fließfertigung je Zeiteinheit insgesamt gleiche Oberflächen durch die Gitter durchgesetzt werden und der gleiche Überzug in Frage kommt. Sollen gleichgeformte bzw. gleichartige Werkstücke gruppenweise andersartige oder verschiedengefärbte Überzüge erhalten, so bedingt dies keine nennenswerte Minderung des Durchsatzes. Ohne besonderen Aufwand an Abdeckvorrichtung und ohne erhöhten Lackverbrauch ist es (außer in Sonderfällen) nicht möglich, verschiedenartig lackierte Flächen auf ein und demselben Werkstück nebeneinander zu erzeugen.

Die Eigenschaften der Werkstoffe, aus denen die Werkstücke gefertigt sind, können in weiten Grenzen schwanken. Alle metallischen Stoffe sind ohne weiteres geeignet, ebenfalls Holz im lufttrockenen Zustand, d.h. mit etwa 7,5 % Feuchtigkeit. Elektrisch nichtleitende Stoffe wie Glas, Gummi und Kunststoffe werden ebenfalls einwandfrei überzogen, wenn die zu lackierende Oberfläche zwischen eine meist in das Innere der Werkstücke einzuführende positiv gepolte und geerdete Elektrode und das negativ gepolte Gitter gebracht werden kann.

An Stelle einer stetigen Förderung der Werkstücke durch die Gitter kann intermittierend, allerdings nicht mit gleich gutem Wirkungsgrade gearbeitet werden.

Mit Rücksicht auf die resultierende Geschwindigkeit, welche die Lacktröpfchen im elektrostatischen Feld erhalten, und den Weg, den sie infolge der verschiedenen auf sie einwirkenden Kräfte nehmen und zurücklegen, ist eine möglichst geringe Eigengeschwindigkeit in Förderrichtung günstig. Deshalb und zur Erzielung einer hohen Lackausbeute verwendet man am besten Spezial-Niederdruckspritzpistolen, die mit einem Zerstäubungsluftdruck von o,6 bis etwa o,8 atü arbeiten. Eine derartige Spritzpistole ist in Abb. 25 dargestellt. Ein anderes englisches Baumuster ist bei der Austin Motor Co. in Longbridge für das elektrostatische Spritzlackieren von Automobilrädern in Gebrauch. Die automatische Aerograph-Spritzpistole (Abb. 25) ist druckluftgesteuert. Die Druckluft bewegt einen mit Lederstulpen abgedichteten Kolben gegen Federdruck nach rechts und öffnet das mit dem Kolben verbundene Nadelventil für den pneumatisch unabhängig vom Zerstäubungsluftdruck geförderten Lack, der durch den Anschlußstutzen an der linken Seite in Abb. 25 in die Pistole eintritt. Konzentrisch um die Lackaustrittöffnung liegt die Düse für die Zerstäubungsluft. Die Zerstäubungsluft tritt durch den mittleren Stutzen ein und wird gleichzeitig durch einen mit dem Nadelventil verbundenen Ventilkegel für den Durchtritt freigegeben. Ferner hat diese Pistole die üblichen seitlichen Luftdüsen für Flachstrahl, und der Kegelwinkel des Strahlers ist in weiten Grenzen veränderbar. Außer der geringen Eigengeschwindigkeit des Lacknebels haben Niederdruckspritzpistolen wirtschaftlich den Vorteil eines kleineren Luftbedarfs bei geringerer Verdichtung. Es sind auch viele Spritzpistolen mit magnetisch betätigten Ventilen in Gebrauch.

Die Vorteile einer solchen Bauart sind kurz zusammengefaßt folgende: geringe Teilchengeschwindigkeit bei guter Zerstäubung, Lackförderung unabhängig von den Drücken der Steuerluft und der Zerstäubungsluft, veränderliche Spritzkegelwinkel, große Weglänge; gleichzeitig ist damit der beachtliche Vorteil verbunden, daß die Werkstücke, besonders bei geringem Eigengewicht und großer Oberfläche, nur wenig zu Pendelbewegungen zwischen den Gittern angeregt werden. Deshalb wird auch die Gefahr herabgesetzt, daß die Werkstücke sich den Gittern so sehr nähern, daß das Spannungsgefälle auf einen Wert ansteigt, der zum Funkenüberschlag führt.

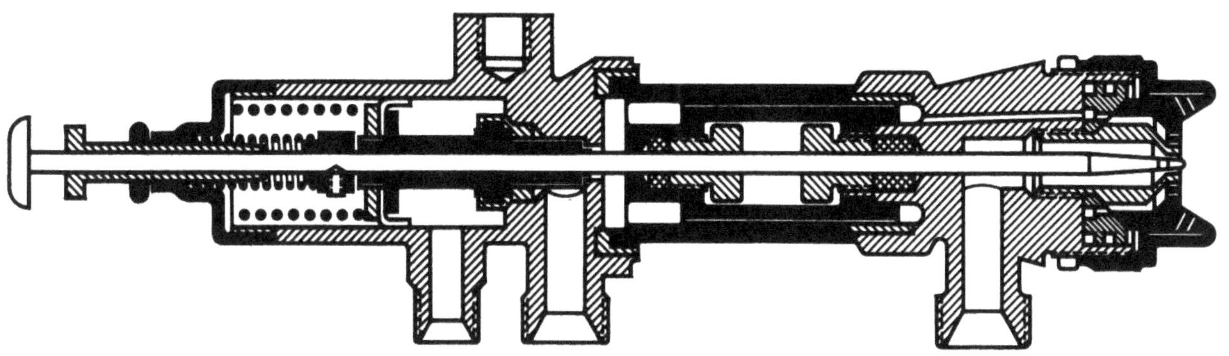

A b b i l d u n g 25
Niederdruck-**Fa**rbspritzpistole

Diese Umstände sind auch für die erforderliche Luftmenge zur Belüftung
der Spritzkabine von großer Bedeutung. Die Geschwindigkeit, mit der be-
lüftet werden muß, beeinflußt stark die ungenutzt abgesaugte Lackmenge
und die für die Klimatisierung und Beheizung der Fabrikationsräume auf-
zuwendenden Mittel. Es hat sich als praktisch vorteilhaft herausgestellt,
die Spritzkabine so zu belüften, daß die Luftströmung in der Kabine
höchstens etwa o,25 bis o,35 m/s Geschwindigkeit hat. Im allgemeinen wird
dabei nicht viel mehr Luft durchgesaugt als aus den Spritzpistolen aus-
tritt. Die Lüfterleistung beträgt in manchen Fällen nur ein Zehntel der
bei rein mechanischem Spritzlackieren notwendigen.

Für die anzuwendenden Spannungen gelten folgende Gesichtspunkte: Es ist
zweckmäßig, die Spannung mindestens so hoch zu wählen, daß Koronaentladung auftritt. Jede Steigerung darüber hinaus erlaubt eine Erhöhung der
Fördergeschwindigkeit der Werkstücke durch die Kabine. Die einzelnen
Oberflächenabschnitte der Werkstücke haben je nach Form und Größe mehr
oder weniger große Abstände vom Gitter, auch wird die Feldliniendichte
entsprechend unterschiedlich. Damit sie annähernd an allen Stellen ausreicht - soweit es sich nicht um konkave Flächen handelt -, um Lacktröpfchen zum Niederschlag zu bringen, soll der Abstand vom Gitter, der
je nach Werkstückgröße und -form noch stark wechseln kann, im Mittel
etwa 3oo mm betragen. Für eine Durchsatzgeschwindigkeit von drei bis
sieben m/s nimmt man ein mittleres Spannungsgefälle von rund 4ooo V/cm.
Daraus ergibt sich eine Spannung von etwa 12o ooo V. Die Entfernung vom

Gitter bis zum Werkstück wird je nach Zweckmäßigkeit kleiner oder größer gewählt. Sie kann mit 300 mm mit dem vorhin angegebenen Wert für die Spannung von 120 000 V gut sein z.B. für Körper mit annäherndem Kreisquerschnitt, die um ihre Längsachse sich drehend zwischen den Gittern hindurchwandern. Muß sich das Werkstück für einen gleichmäßigen Lacküberzug drehen und ist der Querschnitt etwa rechteckig oder stark elliptisch, so ändert sich dauernd die Entfernung von Werkstückoberfläche bis Gitter. Damit hierbei das Spannungsgefälle von 4000 V/cm nicht stark unterschritten wird und andererseits bei der geringsten Entfernung nicht etwa den Wert der Funkenüberschlagsspannung von 7000 V/cm erreicht, sind ein größerer mittlerer Abstand und eine entsprechend höhere Spannung am Gitter besser. Von Fall zu Fall sind die günstigsten Verhältnisse einzustellen. Dann werden Geschwindigkeiten des Förderbandes von 3 bis 7 m/min möglich.

## IV. Ergebnisse bisher durchgeführter Arbeiten

Die Untersuchungen der für dieses Verfahren verwendbaren Lacke und anderen Überzugsmitteln zeigten, daß sich grundsätzlich alle Stoffe aufbringen lassen, die sich in möglichst feiner Verteilung in der Luft flüssig oder fest suspendieren lassen und haftfähig sind. Besonders bei Lakken und Anstrichmitteln verschiedenster Hersteller ergab sich, daß Basis, Pigment und Verdünner weder von meßbarem Einfluß auf das Verhalten im elektrostatischen Feld noch auf die Beaufschlagung sind. Es wurden Lacke auf Basis Natur- und Kunstharz, Öl, Nitrozellulose usw., weiter mit Pigmenten wie Ruß, Oxyden, Metallpulver u.ä. versprüht. Lediglich die Art der Verdünner und die Einstellung der Viskosität muß dem längeren Verweilen der Partikel in der Luft infolge des langen Weges von der Spritzpistole zum Werkstück angepaßt werden. Im allgemeinen ist zur Verhinderung einer orangenschalenartigen oder flockigen Oberfläche der Einsatz höhersiedender Verdünner und etwas kleinere Viskosität als beim mechanischen Spritzen nötig.

Mit Erfolg lassen sich aber auch Emailschlikker, weiterhin Korrosionsschutzmittel, Beizmittel, Ätzmittel, Passivierungsmittel oder Spülmittel versprühen und aufbringen. Selbst die Aufbringung von Schleifmitteln, z.B. auf Papier, das mit Leim bestrichen ist, läßt sich auf Grund der gleichmäßigeren Verteilung verbessern.

Inwieweit die Anwendung des Verfahrens durch die Werkstückform begrenzt wird, war der Inhalt weiterer Untersuchungen. Auf Grund der elektrischen Bedingungen werden ebene und konvexe Flächen am besten und gleichmäßigsten beaufschlagt. Einbuchtungen, Rücksprünge, abgedeckte Flächen und konkave Gebilde werden schlechter oder garnicht elektrostatisch beaufschlagt, da sich bei ihnen ähnlich wie in einem Faraday'schen Käfig kein Feld ausbildet. An Blechkästen mit verschiedenen Tiefen wurde festgestellt daß diese Vertiefungen für die Beaufschlagung unerheblich sind, wenn ihr Betrag 1o % der Gesamtabmessung des Werkstückes nicht übersteigt. Aber auch Werkstücke mit solchen elektrostatischen "Schattenstellen" lassen sich noch befriedigend spritzen, wenn man die Gleichmäßigkeit durch Drehung unterstützt, oder die abgedeckten Stellen durch den Bereich der direkten Beaufschlagung des Sprühkegels führt. Weiterhin läßt sich durch Einsatz mehrerer Spritzpistolen verschiedener Leistung, durch Hilfspistolen, und im äußersten Falle durch Vor- und Nacharbeit von Hand am Fließband auch mancher zunächst aussichtslos erscheinende Fall lösen.

## V. Beispiele bisheriger Versuche, Erfahrungen

Aus der Fülle der Versuchsvorführungen für die verschiedensten Anwendungsgebiete seien anschließend eine Reihe typischer und allgemein interessierender Beispiele gezeigt, und die dabei gemachten Erfahrungen erläutert. Abb. 26 zeigt ein Luftfilter, das sich infolge seiner rotationssymmetrischen Form besonders gut für das Spritzen eignet. Die Einzelteile wurden rotierend durch die Spritzkabine geführt; der Flanschanschluß stört die Gleichmäßigkeit der Beaufschlagung nicht. Ebenso eignen sich besonders gut Blechemballagen und Fässer. Abb. 27 zeigt zwei solche Fässer, die als Modell im Maßstab 1 : 2,5 nachgebaut wurden. Mit diesen Modellen wurden die Versuche unternommen und die Art der Aufhängung nach Abb. 28 sowie die günstigste Einstellung der Spritzpistolen nach Abb. 29 bestimmt. Dabei konnte auch die voraussichtliche Ausbringung ermittelt und mit der bisherigen Arbeitsweise verglichen werden.

Gut eignen sich ebenfalls Lenkräder. Hierbei wird die Erdung an die Nabe und Stahlseele im Radkranz gelegt; das Feld baut sich zwischen Gitter und Stahlseele auf und der aufvulkanisierte Gummi oder aufgepreßte Kunststoff werden beaufschlagt.

A b b i l d u n g  26
Ölbad - Luftfilter

A b b i l d u n g  27
Blechfässer  (Modell)

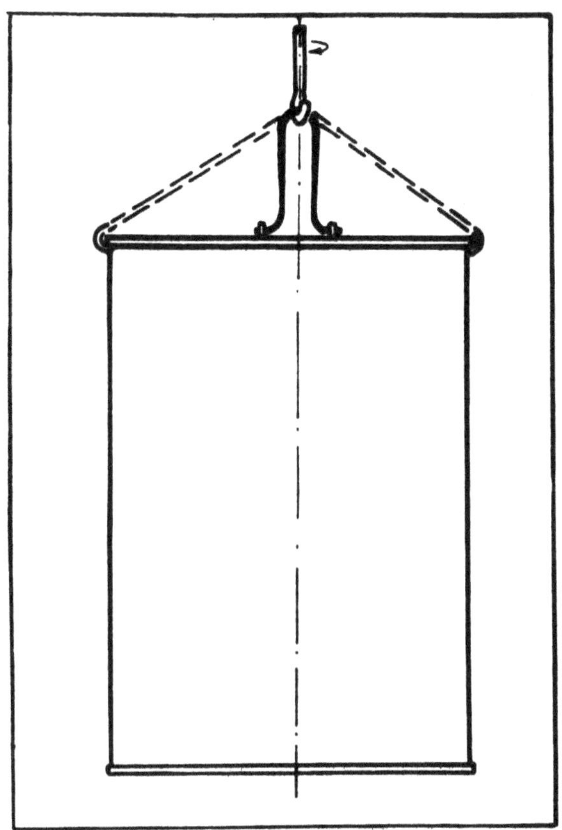

A b b i l d u n g  28

Aufhängung der Blechfässer

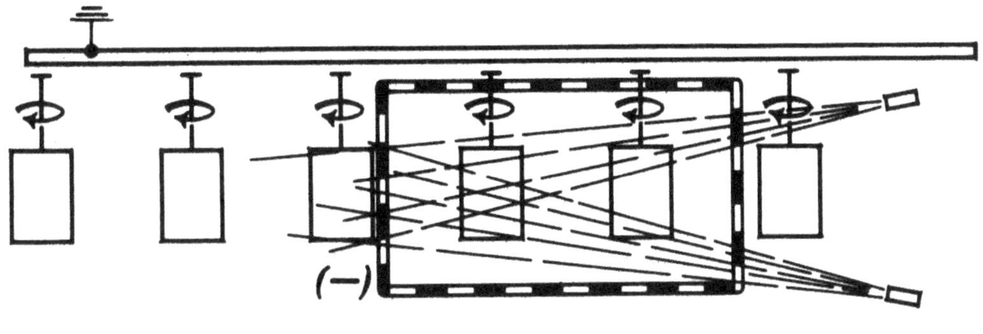

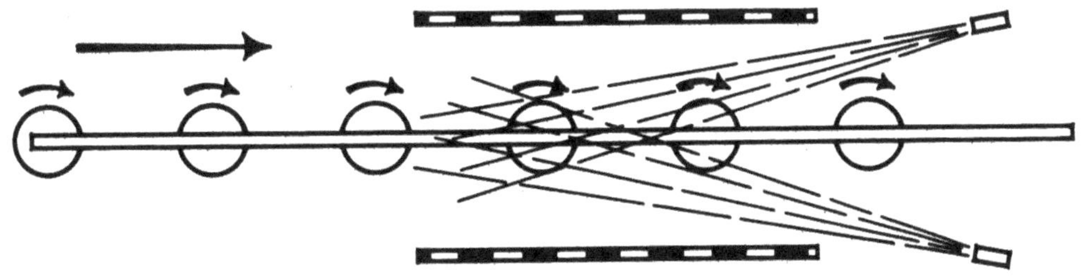

A b b i l d u n g  29

Einstellung der Pistolen beim Spritzen der Blechfässer

Die Anwendbarkeit des Verfahrens zum Verspritzen von Emailschlikker wurde
ebenfalls erwiesen, und zwar an zu emaillierenden Kochgeräten, gußeiser-
nen Ofenteilen, sowie aus Stahlblech gepreßten Herdfüßen und Feuertüren.
Die beiden letzten Beispiele sind in den Abb. 30, 31 und 32 gezeigt.

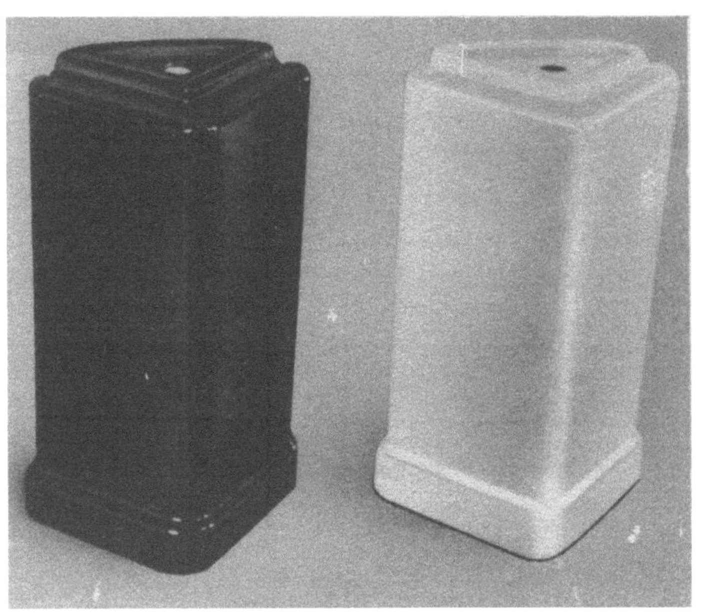

A b b i l d u n g  30
Herdfuß vor und nach dem Einbrennen

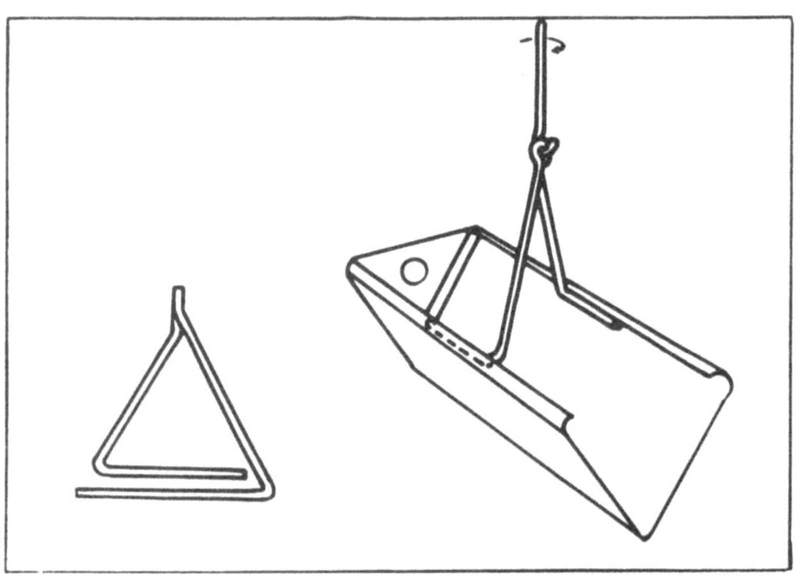

A b b i l d u n g  31
Aufhängung der Herdfüße

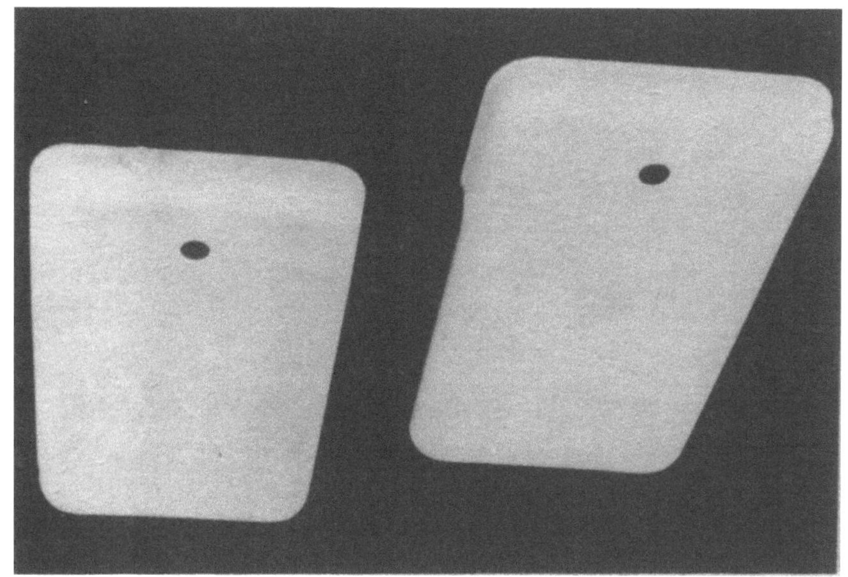

A b b i l d u n g  32
Voremaillierte Feuertürbomben

Die gewünschte außen starke und innen schwache Bedeckung konnte durch
Drehung und geeignete Aufhängung der Teile herbeigeführt werden.

Auch für die Einstellung der Viskosität des Emailschlickers gilt, daß
der Besonderheit der Auftragsart Rechnung getragen werden muß. Es kommt
sonst beim Spritzen zur Bildung einer samtartigen oder staubigen Oberfläche, die nachher beim Einbrennen schlechter verläuft.

Das Spritzen von Reflektoren für Arbeitsleuchten mit verschiedenen Farben auf der Außen- und Innenfläche läßt sich ohne weiteres nicht ver-
wirklichen. Auf jeden Fall kann die Außenfläche mit einer sehr geringen
Schichtdicke von etwa 2o $\mu$ in der erforderlichen Güte und in einem Durchgang lackiert werden. Die Abb. 33 zeigt eine Gruppe solcher gerader und
schräger Reflektoren nach dem Lackieren. Ebenso eignen sich die dazuge-
hörigen Lampenfüße (Abb. 34) für dieses Verfahren, da an der erhabenen
Außenfläche wieder eine einwandfreie Lackierung und auf der Innenfläche
lediglich eine dichte Auflage als Rostschutz gefordert wird.

Auch beim Spritzen von Werkstücken mit verwickelten Bauformen wurden Erfahrungen gesammelt. So scheinen zuerst die in Abb. 35 gezeigten Lagerschilde von Elektromotoren wegen ihrer Tiefe und der seitlichen Verrip-
pungen und Einbuchtungen schlecht geeignet zu sein. Allerdings ließ sich
auch hier durch entsprechende Aufhängung, Rotation und Ermittlung der

A b b i l d u n g  33: Reflektoren

A b b i l d u n g  34:  Lampenfuß

A b b i l d u n g  35

Lagerschilde von Elektromotoren

richtigen Stellung der Spritzpistolen ein Weg zur befriedigenden Lösung der Lackierung finden. Die Abb. 36 und 37 zeigen die Aufhängung der in Abb. 35 rechts sichtbaren tiefen Lagerschilde durch einen federnden Werkstückträger, sowie die Stellung der Spritzpistolen beim Durchlauf der Werkstücke durch die Spritzkabine.

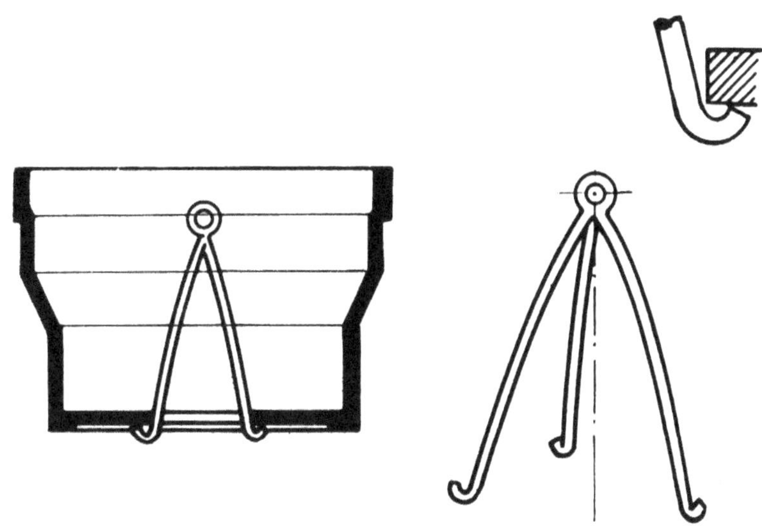

A b b i l d u n g  36

Aufhängung der Motorschilde

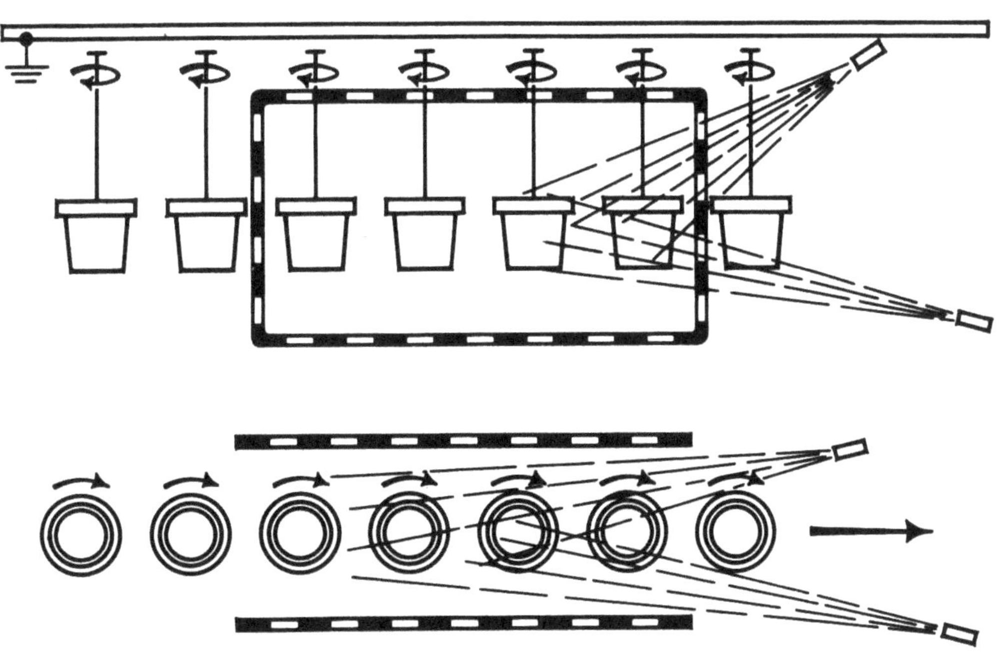

A b b i l d u n g  37

Einstellung der Pistolen beim Spritzen von Motorschilden

Bei kleinen Massenartikeln, wo das Tauchlackieren wegen der Gefahr des
Zusetzens bereits gebohrter und geschnittener Gewindelöcher nicht anzu-
wenden ist, wie bei den Zählermagneten und Traggerüsten in Abb. 38 und
39, kann man durch Aufbringen der Teile auf passend ausgebildete Trag-
vorrichtungen und Ermittlung der günstigsten Pistoleneinstellung die geforderte Gleichmäßigkeit der Bedeckung erzielen. Allerdings wird der
enge Spalt nicht oder nur ungenügend lackiert.

**A b b i l d u n g** 38: Zählermagnete

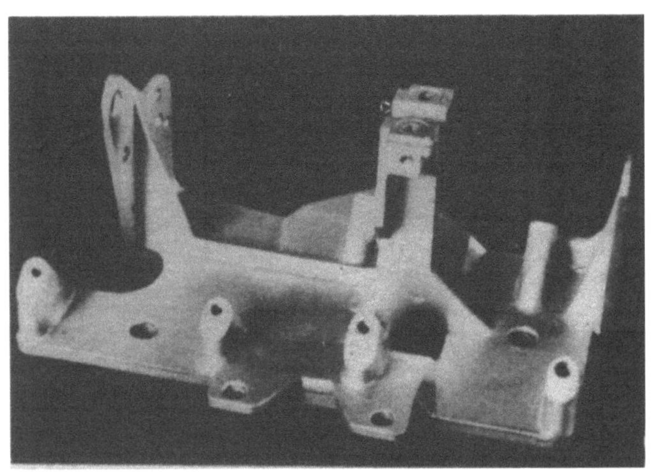

**A b b i l d u n g** 39
Traggerüst für Zähler

Schwierig war es, die günstigsten Bedingungen für das Spritzen von Motor-
radrahmen zu finden. Für sie wurden ebenfalls Modellversuche mit einem
im Maßstab 1 : 2,5 nachgebauten Rohr-Rahmen angestellt. Auch hier erwies
sich wieder die Aufhängung in der Achse der kleinsten Querabmessung und
der rotierende Durchlauf durch die Kammer als der günstigste Weg, die geforderte Oberflächengüte zu erreichen.

Die in diesen Beispielen gegebene Auswahl aus den Versuchen streift so
ziemlich alle beim elektrostatischen Lackieren auftretenden Fragen. Wenn
es sich auch erweist, daß dieses Verfahren seine deutlich umrissenen Grenzen der Anwendung hat, so läßt sich andererseits aus der Fülle der Beispiele die Vielseitigkeit und die Anpassungsfähigkeit dieses im Auslande
bereits im größeren Umfange eingesetzten Überzugsverfahrens erkennen.

Die Weiterentwicklung des Verfahrens mit dem Ziel, von der Benutzung der
mechanischen Zerstäubung loszukommen und die Sprühentladung selbst gleichzeitig für die Zerstäubung zu benutzen, ist noch im Versuchsstadium. Die
Ergebnisse dieser Versuche sollen veröffentlicht werden, sobald sie dem
Stande der technischen Betriebsreife nähergerückt sind.

## Untersuchung über die Lackausnutzung beim elektrostatischen Farbspritzen

Die Wirtschaftlichkeit des elektrostatischen Farbspritzens (13) gegenüber
dem mechanischen Spritzanstrich beruht neben anderem auf der höheren Lackausnutzung, die sich durch die verstärkte Beaufschlagung im elektrischen
Feld ergibt. Diese erhöhte Lackausnutzung ist qualitativ leicht zu zeigen, während die quantitative Bestimmung nur für das jeweilige Werkstück
durchgeführt werden kann. Das Ziel dieser Untersuchung war, für einen
solchen bestimmten Fall die Verbesserung der Lackausnutzung mit Hilfe
des elektrischen Feldes zu ermitteln.

Beide Verfahren arbeiten mit verschiedenen Mitteln. Beim mechanischen
Spritzanstrich wird die Pistole nahe an das Werkstück herangebracht; üb-
licherweise wird der Spritzdruck zur Erreichung feiner Zersprühung hoch
(3 bis 5 atü) gewählt. Dagegen wird beim elektrostatischen Spritzen mit
sehr niedrigem Luftdruck (0,8 bis 1,2 atü) zerstäubt und der Sprühkegel
etwa parallel zur Werkstückförderung gerichtet, um die Wege bzw. die durch

die elektrischen Kräfte verursachte Geschwindigkeit der Lackteilchen auf das Werkstück hin im Verhältnis zu der Geschwindigkeit, die den Lackteilchen durch die Spritzpistole erteilt wird, groß zu halten.

Durch diesen Unterschied ergeben sich verschiedene Anforderungen an die Einstellung des Lackes. Das längere Verweilen des Lacknebels in der Luft beim elektrostatischen Spritzen muß bei der Zumessung des Verdünners berücksichtigt werden. So kann der Verdünner bei sehr schnell trocknenden Lacken, z.B. Spirituslacken, rasch herausverdunsten und können sich die Trockenbestandteile auf dem Werkstück in Form eines Staubüberzuges absetzen. Anderseits können sich bei sehr viskosen Lacken unter dem niedrigen Spritzdruck Lackfäden bilden, die auf der Oberfläche der Werkstücke nicht verfließen.

Die Versuche befaßten sich mit dem Einfluß des elektrostatischen Feldes auf

    1. die Schichtdickenverteilung

    2. Zusammenhänge in Abhängigkeit von Viskosität, Spritzdruck, Schichtdicke und das Aussehen der Oberfläche,

    3. die Lackausbeute.

Zur Ermittlung der Schichtdickenverteilung wurden nach Abb. 4o Konservendosen im Gegenstrom an der Spritzpistole vorbeigeführt. Die Versuchsbedingungen waren:

Lack: Einschichtlackemaille, grau, Nr. 259 - 11o, Verdünner: Nitrozellulose Nr. 351 - 1 (Hersteller: Glasurit-Werke AG, Hiltrup i.W.)

Viskosität: 25 sec (Meßbecher DIN 53 211) bei 17°C,

Fördergeschwindigkeit: 6 m/min,

Spritzpistole: R.C. Walther "Pilot IV", Düsendmr. 1,5 mm, spitzester Kegel, Rundstrahl,

Spritzdruck: 1,7 atü,

Lackdurchlaufmenge: nicht quantitativ erfaßt.

Mit dem Leptoskop III (14) wurde die Dickenverteilung des Lackfilms entsprechend den Abb. 41 und 42 gemessen. Während die Beaufschlagung bei mechanischem Spritzen (Abb. 41) auf der hochstehenden Wandung ungleichmäßig und an den Kanten sehr dünn ist, am Boden völlig fehlt, zeigt die

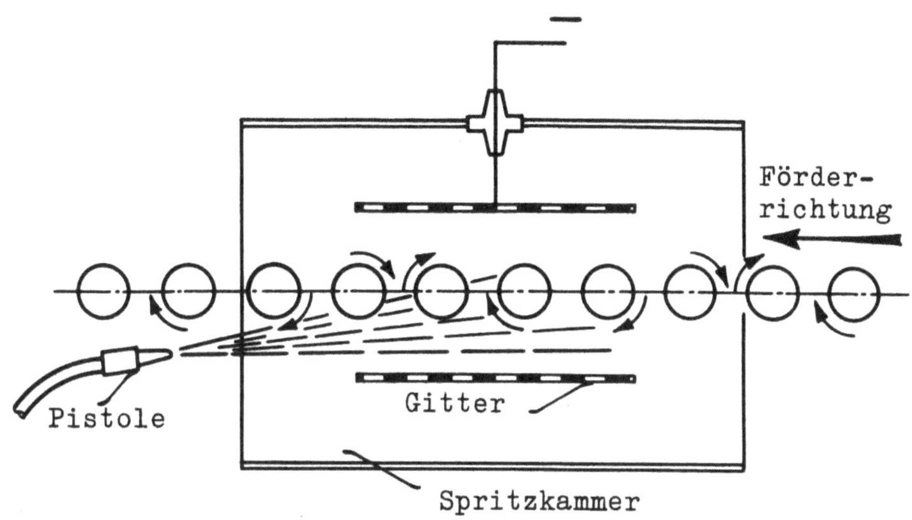



A b b i l d u n g  4o

Versuchsanordnung zur Ermittlung der Schichtdicken-Verteilung

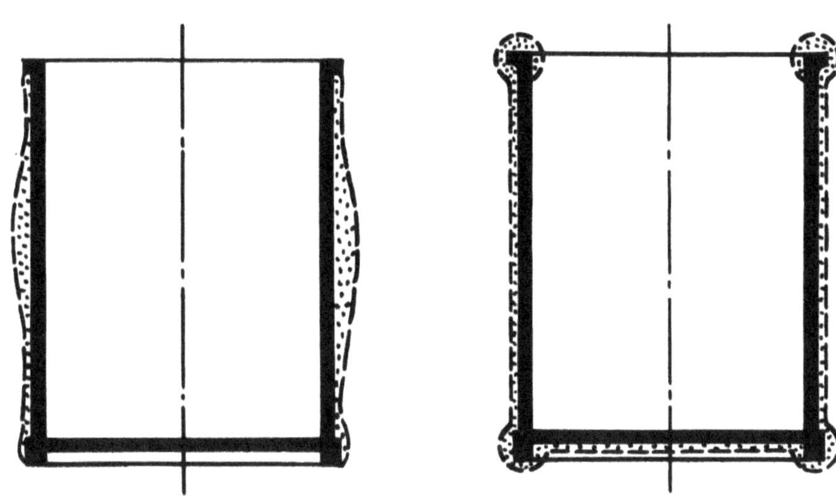

A b b i l d u n g  41

Schichtdicken-Verteilung des
Lackfilms auf der Oberfläche
beim mechanischen Spritzen

A b b i l d u n g  42

Schichtdicken-Verteilung des
Lackfilms auf der Oberfläche
beim elektrostatischen Spritzen

Verteilung beim elektrostatischen Spritzen (Abb. 42) an Wandung und Boden eine gleichstarke Beaufschlagung mit meßbarer Verdickung an den vorstehenden Kanten. Diese Verdickung ist eine Folge der dichteren Feldlinienverteilung an diesen Kanten und vorspringenden Bördeln.

Die Ermittlung der Abhängigkeit von Viskosität, Spritzdruck, Schichtdicke und Aussehen der Oberfläche erfolgte unter folgenden Versuchsbedingungen:

Lack: Einschichtlackemaille grau Nr. 259 - 11o
Verdünner: Nitrozelluloseverdünner Nr. 351 - 1
Pistole: "Pilot IV", 1,5 mm Düsendmr., Rundstrahl,
Fördergeschwindigkeit: 6 m/min,
Lackdurchlaufmenge: nicht quantitativ erfaßt; die Lackviskosität geht aus
Tabelle 1 hervor.

T a b e l l e  1

Viskosität und Trockenanteil verschiedener Lackmischungen

| Probe | Verdünner Nr. | Verdünner/Lack $cm^3 / cm^3$ | Viskosität sec | Temperatur $^{o}C$ | Trockenanteil % |
|---|---|---|---|---|---|
| 0 | - | 0/2oo | 153 | 17 | - |
| 1 | 351-1 | 85/2oo | 3o | 17 | 48 |
| 2 | 351-1 | 1o5/2oo | 25 | 17 | 45 |
| 3 | 351-1 | 125/2oo | 2o | 17 | 42 |

Der Trockenanteil der Lacküberzüge wurde durch Aufstreichen auf Versuchs-
bleche und Auswiegen im nassen und trockenen Zustand ($\pm$ o,1 g) ermittelt.

Mit diesen Lackproben 1 bis 3 wurden wiederum Konservendosen elektrostatisch in zwei Durchgängen bei verschiedenen Drücken gespritzt. Die Schichtdicke wurde anschließend an jeden Durchgang nach dem Trocknen gemessen und
die Oberfläche beurteilt. Das Ergebnis der Versuchsreihe ist in Tabelle 2
festgehalten.

Der Einfluß des elektrostatischen Feldes auf die Lackausbeute wurde folgendermaßen ermittelt:

26 Bleche von 15o x 21o x o,8 mm wurden einzeln gewogen ($\pm$ o,1 g) und
nacheinander mit jeweils 1oo g der drei Lackproben zuerst ohne Einschalten des Feldes und dann unter eingeschaltetem Feld gespritzt. Dabei ist
die Ausbeute für eine vergleichende Beurteilung des Spritzens von Hand
und im elektrostatischen Felde nur bedingt bewertbar, denn beim Handspritzen wird die Pistole auf das Werkstück gerichtet und die Ausbeute
besser als bei dem hier ohne Feld ausgeführten Spritzen.

T a b e l l e  2

Zusammenhang zwischen Viskosität, Spritzdruck, Schichtdicke

und Oberflächenaussehen beim elektrostatischen Farbspritzen

| Probe Nr. | Viskosität sec | Spritzdruck kg/cm$^2$ | Schichtdicke 1. Durchgang mm | 2. Durchgang mm | Aussehen |
|---|---|---|---|---|---|
| 1 | 3o | 1,2 | o,o2 | o,o4 | undicht |
| 1 | 3o | 1,5 | o,o3 | o,o6 | dicht, flockig |
| 1 | 3o | 1,7 | o,o5 | o,o6 | flockig |
| 1 | 3o | 2,o | o,o5 | o,o8 | flockig |
| 1 | 3o | 2,2 | o,o6 | o,o9 | flockig |
| 2 | 25 | 1,2 | o,o2 | o,o3 | glatt |
| 2 | 25 | 1,5 | o,o2 | o,o4 | glatt |
| 2 | 25 | 1,7 | o,o3 | o,o5 | glatt |
| 2 | 25 | 2,o | o,o3 | o,o5 | glatt |
| 2 | 25 | 2,2 | o,o4 | o,o6 | glatt |
| 3 | 2o | 1,2 | o,o2 | o,o3 | undicht |
| 3 | 2o | 1,4 | o,o2 | o,o4 | undicht |
| 3 | 2o | 1,7 | o,o4 | o,o6 | dicht |
| 3 | 2o | 2,o | o,o4 | o,o7 | dicht |
| 3 | 2o | 2,2 | o,o5 | o,o9 | staubig |
| 3 | 2o | 2,4 | o,o6 | o,o9 | staubig |

Die Bleche wurden nach dem Trocknen des Lackes gewogen ($\pm$ o,1 g). Das Auswiegen ist verläßlicher als eine Schichtdickenbestimmung mit dem Leptoskop,
da sich bei sparsamer Beaufschlagung ein unzusammenhängender und damit
nicht meßbarer Lackfilm bildet. Weiterhin ist die Schichtdickenmessung
an den Ecken und Kanten mit dem elektromagnetischen Fühlgerät ungenau,
und bei noch nicht restlos verhärteten Filmen wird die Lackschicht leicht
eingedrückt.

Die Versuchsbedingungen waren:

Lack, Verdünner, Pistole wie oben,

Spritzdruck: 1,7 atü,

Fördergeschwindigkeit der Bleche: 6,5 m/min.

Es ergab sich eine Lackausbeute nach Tabelle 3.

Der Umstand, daß die Lackausbeute bei beiden Verfahren mit sinkender Viskosität ansteigt, könnte zu dem Schluß führen, daß sich die Lackeinsparung
mittels der weiteren Verringerung der Viskosität steigern ließe. Die hier

T a b e l l e  3

Ausbeute der Versuchslacke

| Probe Nr. | Gesamt-gewicht der Bleche g | Spritz-menge g | Trockengewicht nach dem Spritzen | | Ausbeute bei Spritzen | |
|---|---|---|---|---|---|---|
| | | | mechan. g | elektrost. g | mechan. % | elektrost. % |
| 1 | 5185,7 | 1oo | 519o,o | 5211,6 | 9 | 54 |
| 2 | 5185,7 | 1oo | 5192,1 | 5216,2 | 14 | 68 |
| 3 | 5185,7 | 1oo | 5192,4 | 5217,5 | 17 | 78 |

gegebenen Werte gelten aber nur für einen bestimmten Lack, und die Viskosität ist durch die geforderte Oberflächengüte schon festgelegt.

Die Ergebnisse der drei Versuchsgruppen lassen aus den Tabellen folgendes erkennen:

Mittels des elektrostatischen Farbspritzens, verbunden mit der Mechanisierung des Spritzprozesses, läßt sich eine gleichmäßigere Schichtdicke über der Oberfläche des Lackiergutes erreichen. Dazu kommt, daß sich an den exponierten Stellen auf Grund der Feldlinienverteilung verstärkte Auflagen ergeben. Das letztere ist gerade in vielen Anwendungsfällen erwünscht.

Weiterhin zeigt sich entsprechend Tabelle 2, daß sich sowohl die Schichtdicke selbst wie auch deren Beschaffenheit durch die Einstellung der Viskosität und des Spritzdruckes hinreichend variieren lassen. Somit kann als sicher gelten - wie hier für einen Lack gezeigt -, daß sich diese Bedingungen für jeden Anwendungsfall empirisch bestimmen lassen.

Wie Versuche mit einer großen Anzahl von Lacken auf verschiedenster Basis erwiesen, hängt das Aufladevermögen der verschiedenen Lacksorten von der Art der Basis, des Verdünners und aller anderen Komponenten nicht meßbar ab.

Auf jeden Fall ist beim elektrostatischen Farbspritzen mit einer Erhöhung der Lackausbeute zu rechnen, wie aus den Versuchen nach Tabelle 3 hervorgeht. Für den einzelnen Anwendungsfall kann die jeweilige Verbesserung der Ausbeute mit dem hier beschriebenen Versuchsaufbau ermittelt werden.

Inwieweit die Lackeinsparung neben den sonstigen wirtschaftlichen Vorteilen allein schon die Anwendung des Verfahrens empfiehlt, läßt sich jeweils aus der bisher verbrauchten Menge an Anstrichmitteln berechnen. Die hier beschriebenen Versuche dienten lediglich dazu, eine Maßzahl für die mengenmäßige Verbesserung der Lackausbeute zu finden.

Ein Bericht über die Anwendung des elektrostatischen Farbspritzens beim Lackieren vielgestaltiger Werkstücke folgt demnächst.

## Die elektrische Ausrüstung der elektrostatischen Farbspritzanlagen und ihre Betriebssicherheit

Seit dem Bekanntwerden des Verfahrens zum elektrostatischen Aufbringen von Überzügen auf Oberflächen sind bereits eine Anzahl von Lackier- oder Emailliereinrichtungen in Betrieb genommen oder im Bau. Die immer wieder auftretende Frage nach der Betriebs- und Unfallsicherheit sowie nach dem Bestehen behördlicher Vorschriften über den Bau und die Einrichtung solcher Anlagen gibt zu den folgenden Ausführungen Anlaß.

Für das elektrostatische Farbspritzen und das Tropfenabziehen wird dieselbe elektrische Einrichtung benötigt. Soll lediglich eine Anlage zum Tropfenabziehen betrieben werden, so ist hierfür bei kleinen Werkstücken eine Hochspannungsanlage erforderlich, die bei wenigstens 35 bis 4o $kV_{eff}$ 2 bis 4 mA abgibt. Bei dieser Spannung und entsprechend hoher mittleren Feldstärke (etwa 7ooo V/cm) wird bei normaler Tauchviskosität des Überzugsmittels (Lack, Öl o.dgl.) und hinreichend kleinem Halbmesser der Abtropfstelle die kritische Spannung für das Auftreten der freien Entladung überschritten, und es kommt zu dem Ablösen der anhaftenden Tropfen.

Die hierfür erforderliche Anlage besteht aus dem Hochspannungstransformator mit einem primärseitigen Spannungsregler und dem Gleichrichter. Zur Spannungsregelung dient zweckmäßig ein Regeltransformator in Sparschaltung mit Stufenschalter oder einem kontinuierlich regelnden Drehtransformator.

Der Einphasentransformator mit einlagiger Zylinderwicklung und mit Sprungwellensicherung in den Eingangswindungen wird mit dem Gleichrichter zusammen in einem Gehäuse untergebracht. Die Gleichrichterbatterien sitzen zweckmäßig unter dem Transformator am Boden des Gehäuses.

Als Gleichrichter kommen für den Industriebetrieb lediglich Selengleichrichter in Frage. Die Verwendung von Gleichrichterröhren ist wegen der kurzen Lebensdauer sowie der Bruchempfindlichkeit nicht zu empfehlen. Der Unterschied der Beschaffungskosten für diese beiden Gleichrichterarten wird im Dauerbetrieb durch die Betriebs- und Instandsetzungskosten bald ausgeglichen. Mechanische Umlauf- und Nadelgleichrichter kommen wegen der Hochfrequenzstörungen und der deswegen erforderlichen zusätzlichen Entstörungs- und Sicherungseinrichtungen kaum in Betracht.

Da die Welligkeit des Gleichstromes beim Tropfenabziehen keine Rolle spielt, kann hier auf Zwischenschalten einer Glättung verzichtet werden. Als Überstromschutz bei Funkenüberschlag genügt ein sofort wirkender hochohmiger Widerstand. Das Abtropfgitter kann als Wechselrahmen ausgebildet werden, um eine einfache Reinigung zu erlauben.

Für das elektrostatische Spritzen wird eine Gleichspannung von 1oo bis 15o $kV_{eff}$ bei 2 bis 1o mA Stromdurchgang benötigt. Der Regler soll hierbei eine Spannungseinstellung über den ganzen Bereich stufenlos oder mindestens im Bereich von 7o bis 15o kV in Stufen von etwa 5 kV gestatten. Der Hochspannungstransformator wird auf eine Leerlaufspannung von 15o kV und entsprechende Stromstärke ausgelegt. Betriebe, die mit einer Erweiterung des Durchsatzvolumens rechnen müssen, sollten mindestens eine Anlage mit 1o mA Durchlaß aufstellen. Zur Gleichrichtung dient wiederum ein Selengleichrichter in Einweg- oder Verdoppler-Schaltung.

Bei normaler Welligkeit des hochgespannten Gleichstromes kommt es im Sprühraum zur Konglomeration der Lackpartikel, wie sie auch bei der elektrischen Entstaubung unter dem Einfluß der Welligkeit beobachtet wird. Diese Klümpchen- oder Fadenbildung wirkt sich ungünstig auf die Oberflächenbeschaffenheit der Fertigteile aus, und daher sollte auf eine Glättung des Gleichstromes durch zwischengeschaltete Siebketten oder Kondensatoren nicht verzichtet werden. Die Auslegung der Kondensatoren ist so, daß die Restpulsation den Betrag von 3 % nicht übersteigt.

In die Zuleitung zum Emissionsgitter wird ebenso, wie oben beschrieben, der Überstromwiderstand sowie zweckmäßig ein direkt anzeigendes mA-Meter zur Strommessung gelegt.

Die Gesamtanlage besteht somit aus einem Steuerpult mit:

        Wechselstromanschluß,

        Netzschütz mit Auslösung,

        Schaltknöpfe,

        Signallampen,

        Hilfsklemme für akustisches Warnsignal,

        Regeltransformator (mit Stufenschalter),

        Schnellauslöser,

        Voltmeter mit Hochspannungseichung,

weiterhin aus dem ölgekapselten Hochspannungstransformator mit einge-
bautem Gleichrichter und den Kondensatoren. Die Abb. 43 und 44 zeigen
zwei Schaltschemen für die vollständige Anlage, einmal die Ausführung
mit Drehtransformator und Steuerung über Nullspannungsspule, die andere
mit Regelung durch Spartransformator mit Stufenschalter und den Unter-
brechern durch Auslösung des Netzschützes.

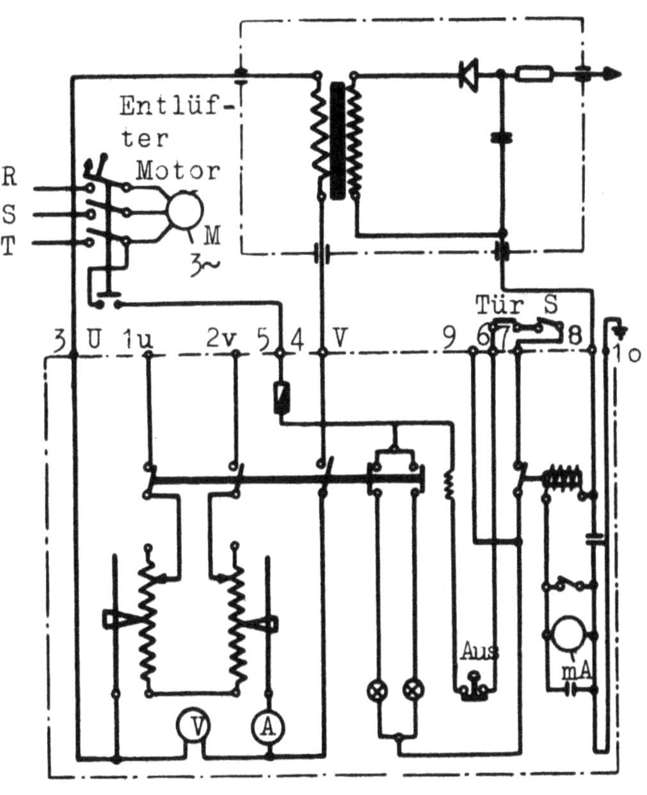


A b b i l d u n g 43

Schaltplan des Hochspannungsgleichrichters

Bauart Hochspannungs-Gesellschaft

Die Abb. 45 und 46 zeigen den Hochspannungserzeuger der Hochspannungs-Gesellschaft, Köln-Zollstock (15o kV, 1o mA, Zylindertransformator mit Gleichrichterbatterie). Die dazu gehörenden Kondensatoren befinden sich auf der Rückseite des Gehäuses. Die Abb. 47 und 48 zeigen zwei Ausführungen von Hochspannungsgleichrichtern der AEG, Belecke, ersterer für das Farbspritzen (15o kV, 1o mA, mit Glättungskondensatoren) sowie letzterer für das Tropfenabziehen (35 kV, 1o mA, ohne Glättung).

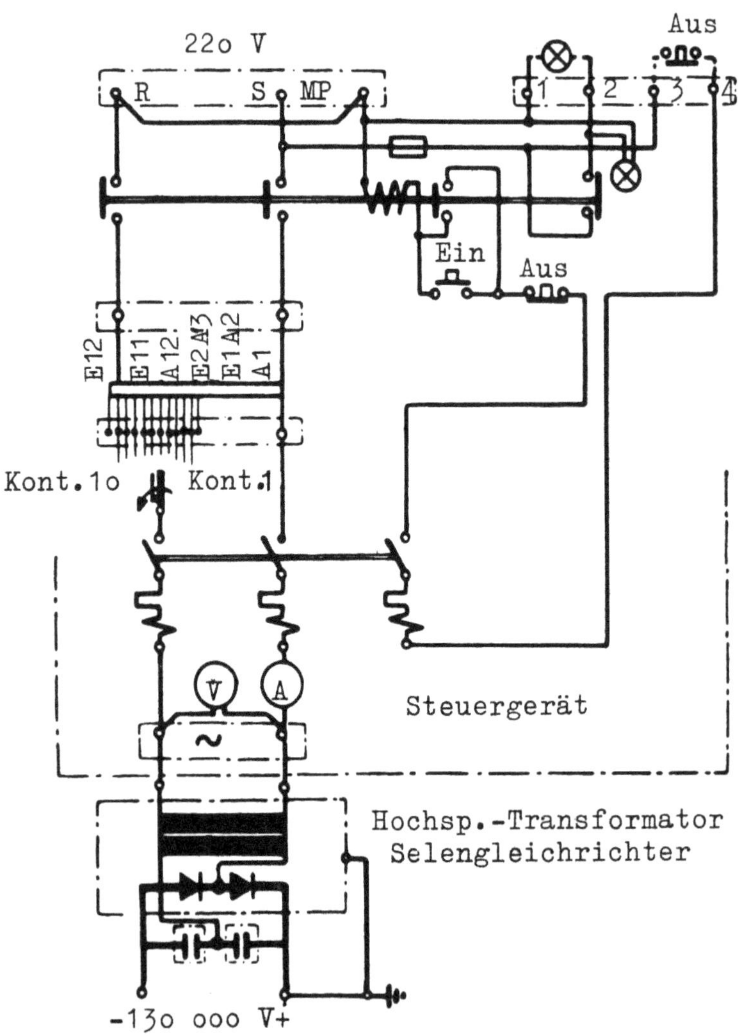



A b b i l d u n g   44

Schaltplan des Hochspannungsgleichrichters

Bauart AEG

A b b i l d u n g   45
Hochspannungsgleichrichter
gemäß Abb. 43

A b b i l d u n g   46
Hochspannungsgleichrichter
Abb. 45 ohne Ölkessel

Für die elektrischen Geräte, die bei diesem Verfahren zur Anwendung kommen, sind die im folgenden gegebenen Richtlinien für den Entwurf des elektrischen und mechanischen Teils zu beachten:

Die aufzustellenden Geräte müssen den allgemeinen Hochspannungsvorschriften sowie den Vorschriften über elektrische Betriebsmittel in explosionsgefährdeten Räumen entsprechen. Zur Sicherung gegen Begehen und zufälliges Berühren wird das Hochspannungsgerät mit einem Drahtkäfig umgeben, dessen Zugang durch einen Türkontakt gesichert ist. Ebenso wird die Kabinenöffnung mit einem Einlegebalken oder einer optischen Begehungssicherung versehen. Etwa erforderliche Zuleitungen zwischen Hochspannungsaggregat und Kabine werden in Hochspannungs-Panzerkabel verlegt.

A b b i l d u n g  47

Hochspannungsgleichrichter gemäß Abb. 44 für 150 kV

A b b i l d u n g  48

Hochspannungsgleichrichter gemäß Abb. 44 für 35 kV

Das Hochspannungsaggregat muß mit einem trägheitslosen Dämpfungswiderstand versehen sein, der beim Auftreten von Überschlägen den Stromdurchgang auf die zulässige Maximalaufnahme der Anlage begrenzt oder unterbricht. Im allgemeinen wird dieser Dämpfungswiderstand so gewählt, daß der Gesamtwiderstandswert des Hochspannungskreises max. 1o mA durchläßt. Weiterhin soll der Hauptschalter mit Überstromauslösung und Nullspannungsspule ausgerüstet sein, um beim Auftreten von Kurzschluß die Anlage automatisch vom Netz zu trennen. An die Nullspannungsspule kann ebenfalls die Verriegelungsschaltung der Begehungstüren, Abschlußgitter usw. angeschlossen werden.

Die Primärspannung und die Lüftung sind elektrisch so zu koppeln, daß die Spannung beim Ausfall des Lüftermotors selbsttätig unterbrochen wird. Weiterhin soll die Lüfterleitung einen Strömungswächter etwa in Form eines Klappventils erhalten, der die Primärspannung bei Ausfall der Lüftung durch Verstopfen o.ä. unterbricht.

Wenn die Sprühpistolen für das Überzugsmittel durch elektrisch betätigte Ventile geschaltet werden, so sind Ventile in explosionssicherer Ausführung zu benutzen. Im übrigen müssen wie bei allen Farbspritzanlagen gefährliche Ansammlungen oder Ablagerungen von brennbaren Stoffen vermieden werden.

Zur Prüfung des praktischen Verhaltens der Farbspritzanlage gegenüber absichtlich herbeigeführten oder erzwungenen Gefahrbedingungen wurden folgende Fragen gestellt:

    1. Ist das Lackluftgemisch zündfähig?

    2. Welche Lackrohstoffe und Verdünnertypen zeigen
        den größten Gefährlichkeitsbereich?

    3. Wie verhält sich ein ruhendes zündfähiges
        Gemisch gegenüber längeren Funkenfolgen?

    4. Welche Stromstärke bzw. welches Spannungsgefälle
        ist zur Zündung erforderlich?

    5. Besteht eine Zündgefahr bei den Lackschichten auf den
        Elektroden oder Werkstücken am Auftreffpunkt der Funkenfolge?

Die dazu angestellten Versuche brachten folgende Ergebnisse:

Zu 1. Die Zündfähigkeit des Lack-Verdünner-Luftgemisches ist durch Flammenzündung leicht nachweisbar, jedoch ist dieses Gemisch, besonders bei

Verwendung der Niederdruckspritzpistole, nicht explosibel, sondern brennt ruhig ab.

Zu 2. und 3. Es wurden Entzündungsversuche mit etwa 2o verschiedenen Lack-verdünner-Kombinationen (Nitro-, Kunstharzlackverdünner, Aceton, Terpentin, Benzol, Spiritus) unternommen. Weiterhin wurden Lacke aus allen üblichen Lackrohstoffen zugemischt. Durch Abstellen der Lüftung wurde für das Entstehen von zündfähigen ruhigen Gemischen gesorgt. Dabei wurde das Gemisch in keinem Falle vom normalen Funkenüberschlag von der Elektrode zum Werkstück entzündet. Erst wenn man das Werkstück vor dem Überschlag so nahe an das Gitter bringt, daß eine mittlere Feldstärke von 12 000 V/cm beim Einschalten überschritten wird, kommt es zur Zündung (Aufleuchten von Flammen in der Funkenstrecke sowie Entzünden des Sprühkegels). Diese Zündung erklärt sich so, daß auf dem zwangsläufig verkürzten Weg das Spannungsgefälle im Überschlagfunken so hoch ist, daß die entstehende Joule'sche Wärme zur Entwicklung der Zündenergie ausreicht.

Normalerweise kann dieser Überschlag im Betrieb nicht auftreten, da die Entladung bereits bei etwa 75oo V/cm mittlerer Feldstärke noch im kalten Gebiet stattfindet.

Zu 4. Durch Einbringen von Werkstücken größtmöglicher Abmessungen (4oo x 1ooo mm) wurde in der Anlage ein Durchgang von 5 mA erreicht. Dabei trat keine Zündung auf. Eine Steigerung des Stromdurchganges ließ sich nicht erreichen, da er von der sich einstellenden Eigenkapazität zwischen Werk-stück und Gitter abhängt.

Zu 5. Beim Funkenüberschlag war weder auf den lackbehafteten Elektroden noch auf den lackierten Werkstücken im Auftreffpunkt eine Beschädigung oder gar Verbrennung auf der Oberfläche zu finden. Weitere Versuche über die Entzündung fertig lackierter Werkstücke mit Lackschichten von etwa 3o μ Dicke zeigten kein anderes Ergebnis.

Wenn die oben aufgeführten Sicherheits- und Vorsichtsmaßnahmen berücksichtigt werden, kann eine elektrostatische Farbspritzanlage in der hier beschriebenen Form als betriebssicher gelten.

V e r g l e i c h e n d e   U n t e r s u c h u n g e n
v e r s c h i e d e n e r   S p r i t z p i s t o l e n
a u f   d e r e n   V e r w e n d b a r k e i t   b e i m
e l e k t r o s t a t i s c h e n   F a r b s p r i t z e n

Die beim elektrostatischen Farbspritzverfahren auftretende
Erfordernis, daß bei der Zerstäubung möglichst gleichmäßige Tröpfchengröße bei niedrigem Zerstäuberdruck erzielt
wird, kann nur durch Pistolen mit getrennter Führung der
Zerstäuber- und Steuerluft erfüllt werden. Eine englische
für dieses Verfahren besonders entwickelte automatische
Pistole wird mit vier deutschen Erzeugnissen in ihrer Wirkungsweise verglichen.

Das elektrostatische Farbspritzverfahren stellt infolge seiner Gegeben-
heiten an die Wirkungsweise der Spritzpistolen drei Anforderungen:

1. Zur Erreichung bester Lackausbeute und zur Vermeidung von Struktur-
   bildung auf der Lackoberfläche soll die Größe der Lackteilchen möglichst wenig von einem Mittelwert abweichen.

2. Die Austrittsgeschwindigkeit der Lackteilchen aus der Pistole soll so
   niedrig sein, daß die Teilchen in einer Entfernung von etwa 1500 mm
   vor der Pistole ihre Eigenbewegungskomponente verlieren und damit im
   elektrischen Feld lediglich den elektrischen Kräften (neben der Schwerkraft) unterliegen.

3. Zur Erreichung der niedrigen Austrittsgeschwindigkeit muß der Druck
   der Sprühluft sowie der erforderliche Luftdurchsatz klein sein, um
   die elektrischen Feldverhältnisse wenig durch Strömung und Wirbelung
   zu stören.

Normalerweise wird eine hinreichende Zerstäubung bei gleichmäßiger Teil-
chengröße mit hohem Luftdruck und relativ kleiner Luftmenge (Hochdruck-
versprühung), oder mit geringem Druck und reichlicher Luftmenge (Niederdruckversprühung) erreicht. Die Wirkungsweise dieser beiden Grundtypen
widerspricht also jeweils einer der angegebenen Bedingungen.

In den USA und England wurden für dieses Farbspritzverfahren neue Pistolen entwickelt, so in England durch die Aerograph Co., London, die Type
AS - 544. Von dieser bei den Versuchen als A bezeichneten Pistole konnten

zwei Exemplare für Vergleichsversuche beschafft werden. Die Untersuchungen erstreckten sich auf die Wirkungsweise dieser Pistole im Vergleich zu vier einheimischen Spritzpistolen bei veränderlichem Zerstäubungsdruck. Zur Bestimmung eines Gütekennwertes wurden die Tröpfchengrößen vom Niederschlag auf einer Glasplatte optisch ermittelt und deren statistische Verteilung über 1o Größenklassen aufgestellt.

Als Zerstäubungsdruck wurde gewählt:

o,5 atü, o,7 atü, o,9 atü, 1,2 atü.

Diese Druckwerte zeigen am besten den Unterschied in der Wirkungsweise der verschiedenen Pistolentypen, denn bei den gleichen unteren Werten ist bei keinem der verglichenen einheimischen Fabrikate auf Grund ihrer Auslegung für Betriebsdrücke von über 1 atü eine befriedigende Zerstäubung zu erwarten, während für die oberen Werte der Unterschied bereits verschwindet.

Für befriedigendes Arbeiten im Druckgebiet um o,6 bis o,8 atü muß die Pistole eine getrennte Führung der Zerstäubungsluft und der Steuerluft haben. Das dichte Schließen der Düsennadel setzt eine starke Schließfeder voraus, dies wiederum eine entsprechende Mindesthöhe des Luftdruckes für die Kolbenbewegung (wenn der Kolben nicht zu groß werden soll), und dieser Druck ist für die Zerstäuberleistung bereits zu hoch. Infolgedessen wird bei der Pistole A sowie auch schon bei einigen einheimischen Pistolen die Steuerluft und die Sprühluft getrennt zugeführt und die erste vor, die zweite hinter dem Druckminderer entnommen.

Die Abb. 49 zeigt die Pistole A im Schnitt. Beim Öffnen der Düsennadel durch die Kolbenbewegung wird gleichzeitig durch Öffnen des Ventilsitzes in der Zuluftleitung die Zerstäuberluft freigegeben, so daß zum Inbetriebsetzen lediglich das Steuerluft-Ventil betätigt zu werden braucht. Diese Kombination ist bislang an keiner deutschen Konstruktion vorhanden. Weiterhin läßt sich am Pistolenkopf die Form des Austrittskegels als Rund- oder Flachstrahl sowie dessen Öffnungswinkel unabhängig voneinander und kontinuierlich ändern. Diese Einrichtung besitzt nur eine der untersuchten deutschen Pistolentypen, die jedoch keine getrennte Luftzuführung aufweist.

Die Untersuchung der Ausbringung verschiedener Pistolentypen durch Beaufschlagen einer Glasplatte und optische Auswertung ergab das in Tab. 4 und 5 und Abb. 5o a bis 5o e und Abb. 51 sich zeigende Bild.

Seite 58

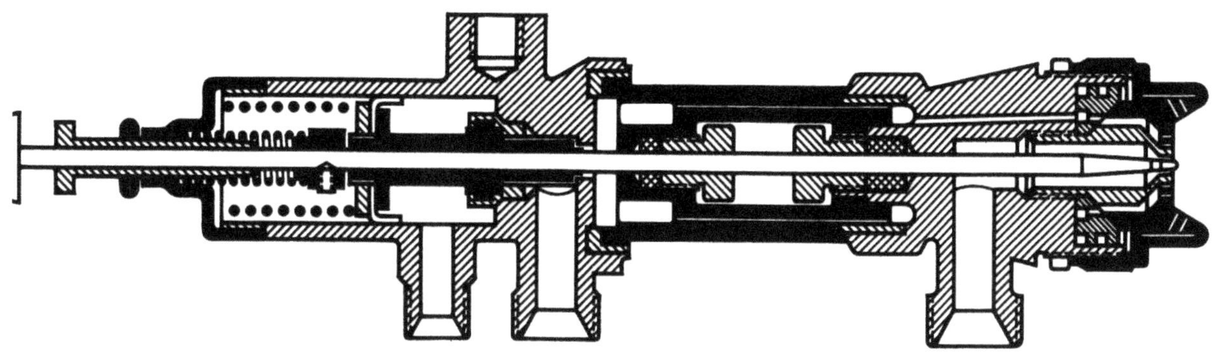

A b b i l d u n g  49

Niederdruck-Spritzpistole AS - 544 (Schnittzeichnung)


A b b i l d u n g  5o a - 5o e

Summenhäufigkeit der verschiedenen Lacktröpfchengrößen bei Versprühung
aus fünf verschiedenen Pistolentypen A-E unter Änderung des Spritzdruckes
von o,5 bis 1,2 atü.

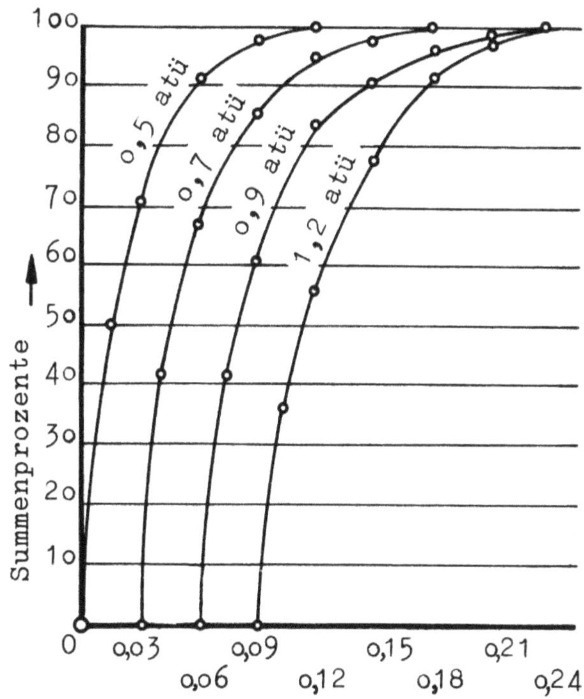


Tröpfchen-Durchmesser in mm für Kurve o,5 atü.
Die Kurven für o,7 atü, o,9 atü und 1,2 atü
sind um die Einheit verschoben.


A b b i l d u n g  5o a : Pistole A

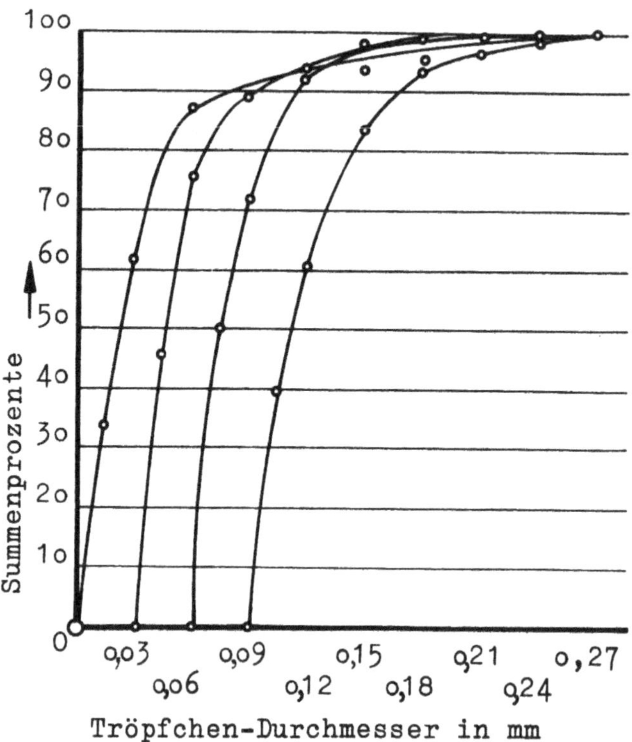



A b b i l d u n g  5o b : Pistole B

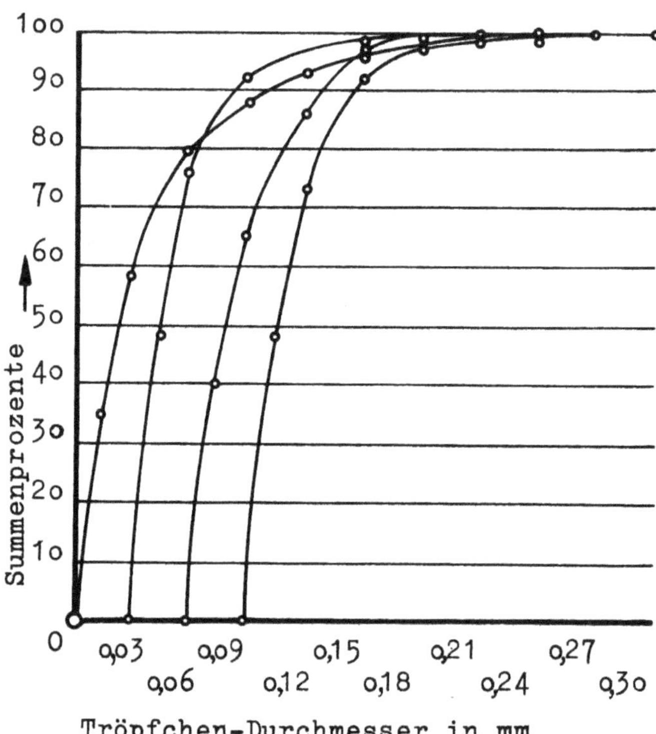



A b b i l d u n g  5o c : Pistole C

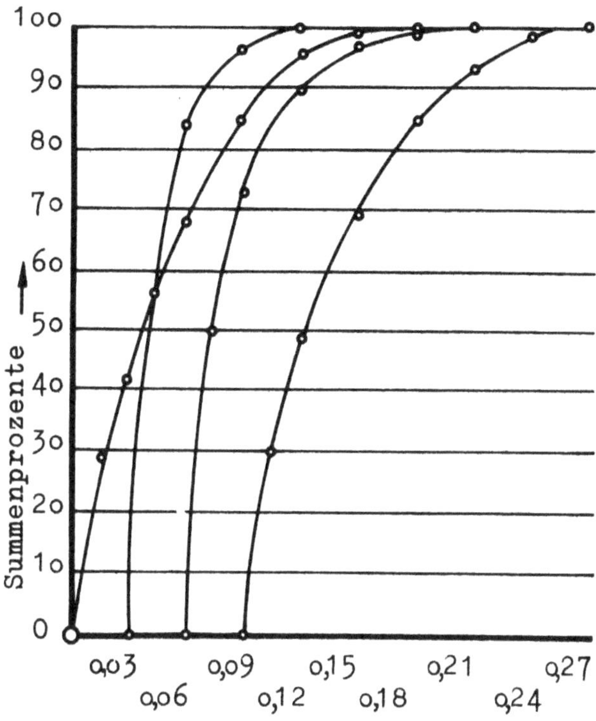


**A b b i l d u n g   5o d : Pistole D**

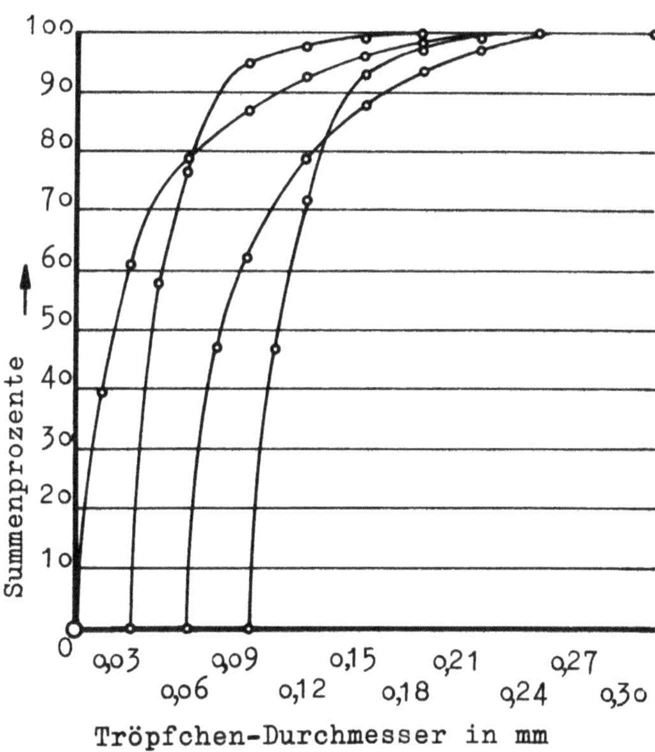


**A b b i l d u n g   5o e : Pistole E**

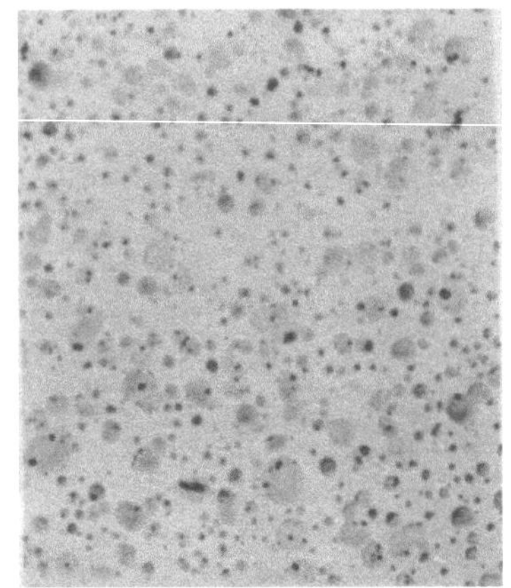

Abbildung 51 a
Pistole A, V=35

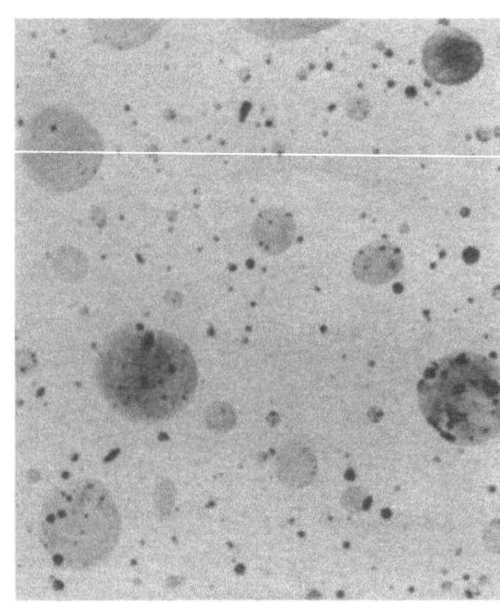

Abbildung 51 b
Pistole B, V=35

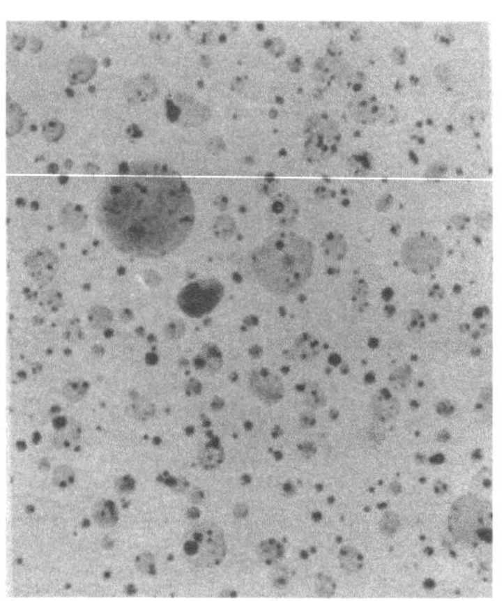

Abbildung 51 c
Pistole C, V=35

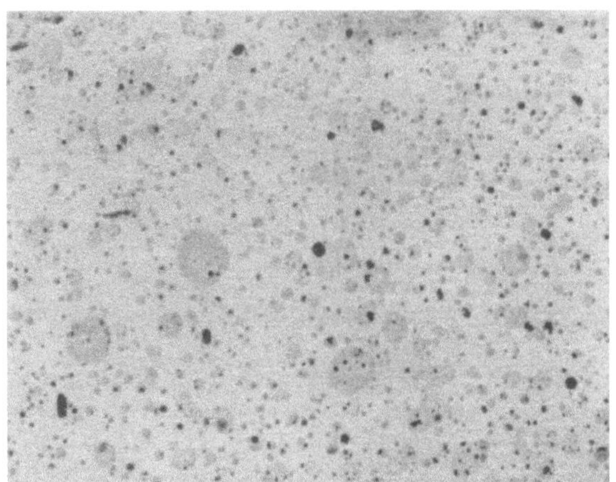

Abbildung 51 d
Pistole D, V=35

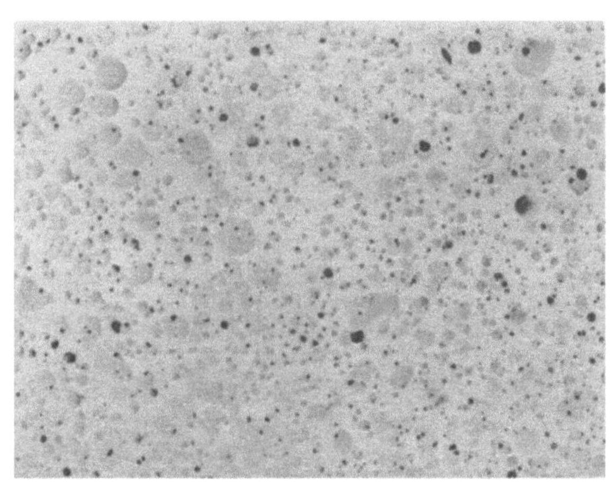

Abbildung 51 e
Pistole E, V=35

A b b i l d u n g   51 a bis 51 e
Lackniederschlag auf Glasplatte bei o,5 atü Spritzdruck

T a b e l l e  4

Tröpfchengröße aus fünf verschiedenen Spritzpistolen

bei verändertem Sprühluftdruck

| Pistole | Druck atü | Tröpfchengröße im Mittel $\mu^2$ | größte $\mu^2$ | kleinste $\mu^2$ | Beurteilung der Versprühung |
|---|---|---|---|---|---|
| A | 0,5 | 2 500 | 11 000 | 280 | gut |
| A | 0,7 | 3 000 | 16 000 | 250 | gut |
| A | 0,9 | 2 100 | 15 000 | 350 | gut |
| A | 1,2 | 2 000 | 11 000 | 220 | gut |
| B | 0,5 | 6 000 | 65 000 | 650 | zu ungleichmäßig |
| B | 0,7 | 7 000 | 52 000 | 600 | zu ungleichmäßig |
| B | 0,9 | 7 800 | 60 000 | 300 | einzelne große Tropfen |
| B | 1,2 | 6 000 | 42 000 | 200 | gut |
| C | 0,5 | 11 000 | 92 000 | 350 | zu ungleichmäßig |
| C | 0,7 | 5 600 | 52 000 | 250 | noch zu ungleichmäßig |
| C | 0,9 | 3 800 | 23 000 | 250 | ausreichend |
| C | 1,2 | 5 000 | 25 000 | 200 | gut |
| D | 0,5 | 10 000 | 52 000 | 350 | noch zu ungleichmäßig |
| D | 0,7 | 4 500 | 31 000 | 260 | ausreichend |
| D | 0,9 | 6 000 | 21 000 | 300 | gut |
| D | 1,2 | 3 100 | 23 000 | 180 | gut |
| E | 0,5 | 5 000 | 16 000 | 550 | fast gut |
| E | 0,7 | 1 900 | 15 000 | 260 | gut |
| E | 0,9 | 2 100 | 13 000 | 500 | gut |
| E | 1,2 | 5 000 | 20 000 | 280 | gut |

Tabelle 5 läßt erkennen, daß der Gesamtunterschied in der Tröpfchengröße bei der ersten und letzten Pistole durch das Fehlen der größeren Partikel wesentlich kleiner ist. Die Gleichmäßigkeit der Tröpfchengröße kann als Gütekennwert für die Schichtbildung gelten, denn die starken Unterschiede in der Tröpfchengröße begünstigen bei dickeren Lacken die Bildung von Narben und Orangenschalenstruktur, bzw. bei dünnen Lacken den Nebelanteil.

Es ist nicht zu erwarten, daß die für Drücke zwischen 1 bis 2 atü gebauten deutschen Pistolen bei den niedrigen Versuchsdrücken dieselbe Zerstäubercharakteristik zeigen wie die verglichene englische Niederdruck-Type. Für befriedigendes und wirtschaftliches Arbeiten beim elektrostatischen Farbspritzen ist jedoch diese Charakteristik unbedingt erforderlich.

Seite 63

T a b e l l e  5

Prozentuale Häufigkeit der Tröpfchengrößen bei fünf
Spritzpistolen in verschiedenen Größenklassen, ermittelt bei Sprühluftdrücken von o,5 bis 1,2 atü

| | Durchmesser des Tröpfchenniederschlages in mm | | | | | | | | | |
|---|---|---|---|---|---|---|---|---|---|---|
| | o,015 | o,o3 | o,o6 | o,o9 | o,12 | o,15 | o,18 | o,24 | o,3o | >o,3o |
| **o,5 atü** | | | | | | | | | | |
| **Pistole** | | | | | | | | | | |
| A | 5o | 21 | 21 | 6 | 2 | - | - | - | - | - |
| B | 35 | 24 | 21 | 8 | 5 | 2 | 2 | 1 | 1 | 1 |
| C | 34 | 28 | 26 | 2 | 2 | 2 | 2 | 3 | - | 1 |
| D | 4o | 22 | 14 | 11 | 6 | 3 | 2 | 1 | 1 | - |
| E | 29 | 13 | 26 | 17 | 11 | 3 | 1 | - | - | - |
| **o,7 atü** | | | | | | | | | | |
| A | 42 | 25 | 18 | 11 | 2 | 1 | 1 | - | - | - |
| B | 48 | 29 | 15 | 5 | 1 | - | 1 | - | 1 | - |
| C | 46 | 3o | 13 | 6 | 2 | 2 | - | - | 1 | - |
| D | 58 | 21 | 16 | 3 | 1,5 | o,5 | - | - | - | - |
| E | 57 | 27 | 12 | 4 | - | - | - | - | - | - |
| **o,9 atü** | | | | | | | | | | |
| A | 42 | 19 | 23 | 6 | 7 | 2 | 1 | - | - | - |
| B | 4o | 25 | 2o | 12 | 2 | - | - | - | - | 1 |
| C | 51 | 22 | 21 | 4 | 1 | 1 | - | - | - | - |
| D | 44 | 19 | 16 | 9 | 6 | 3 | 3 | - | - | - |
| E | 5o | 23 | 17 | 7 | 2 | 1 | - | - | - | - |
| **1,2 atü** | | | | | | | | | | |
| A | 36 | 2o | 22 | 15 | 6 | 1 | - | - | - | - |
| B | 48 | 25 | 19 | 5 | 1 | 1 | 1 | - | - | - |
| C | 4o | 21 | 22 | 11 | 2 | 3 | 1 | - | - | - |
| D | 47 | 25 | 21 | 5 | 1 | - | - | 1 | - | - |
| E | 3o | 19 | 19 | 17 | 8 | 6 | 1 | - | - | - |

Wie sich aus den Tabellen 4 und 5 sowie aus Abb. 5o und 51 a bis e ergibt,
erfüllt die Pistole A die oben angeführten Anforderungen in Bezug auf Teil-
chengröße in Abhängigkeit vom Spritzdruck besser als die zum Vergleich be-
nutzten deutschen Modelle, wobei die als letzte angeführte Type E in der
Wirkungsweise der englischen am nächsten kommt.

Auf diese Frage wird im folgenden Aufsatz über Versuche mit deutschen Neu-
entwicklungen weiter eingegangen.

# Weitere Untersuchungen verschiedener Spritzpistolen auf ihre Verwendbarkeit beim elektrostatischen Farbspritzen

Nach einem bereits früher angewandten Verfahren werden
neuere Niederdruck-Spritzpistolen auf ihre Verwendbarkeit beim elektrostatischen Farbspritzen untersucht.
Diese in Deutschland hergestellten Niederdruck-Spritzpistolen erwiesen sich nach der Zerstäubungscharakteristik einem englischen Fabrikat als gleichwertig.

Im vorhergehenden Bericht wurden die Anforderungen an Spritzpistolen für
elektrostatisches Farbspritzen zusammengestellt. Verschiedene der damals
auf dem Markt befindlichen in Deutschland hergestellten Spritzpistolen
wurden mit der für das elektrostatische Farbspritzen entwickelten englischen Type AS - 544 der Aerograph Co. verglichen. Dieser Vergleich fiel
zugunsten der englischen Pistole aus, weil die deutschen Typen für Lakkieren von Hand oder mit der Spritzmaschine unter entsprechend hohen
Drücken entworfen sind und daher die Besonderheiten des elektrostatischen
Verfahrens nicht berücksichtigen.

In Anbetracht dieses Sachverhaltes wurden in Deutschland neue Spritzpistolen entwickelt. Es liegen jetzt drei Erzeugnisse vor, deren Zerstäubungscharakteristik jener der englischen Pistole gleichwertig ist.

Bei den Versuchen wurde ein rußpigmentierter Kunstharz-Einbrennlack mit
einer Viskosität von 2o s (Fordbecher 4 mm Dmr., 18$^{o}$C) mit einem Zerstäubungsdruck von o,5; o,7; o,9; 1,2 atü auf Glasplatten versprüht und
die statistische Verteilung der Tröpfchengröße in 1o Klassen durch Auszählen ermittelt. Auf diese Weise ergeben sich die Tröpfchengrößen nach
Tabelle 6 und die Beurteilung der Versprühgüte nach dem Bild des Niederschlages auf der Platte. Diese Tabelle zeigt, daß die Durchmesser der größten Tröpfchen mit steigendem Sprühdruck stark abnehmen, während die mittleren und kleinsten Tröpfchen nahezu gleich groß bleiben. Gegenüber der
ersten eingangs erwähnten Untersuchung ist die Flächenausdehnung des größten Tröpfchenniederschlages um etwa eine Zehnerpotenz kleiner. Hieraus

T a b e l l e  6

Tröpfchengröße aus vier verschiedenen Spritzpistolen bei verändertem Sprühdruck

| Pistole | Druck atü | Düsen-Dmr. mm | Tröpfchengröße $10^3\ \mu^2$ | | | Beurteilung |
|---|---|---|---|---|---|---|
| | | | mitt-lere | größte | klein-ste | |
| A | o,5 | 1,o | 3,o | 18 | o,25 | ausreichend |
| A | o,7 | 1,o | 2,5 | 16 | o,25 | gut |
| A | o,9 | 1,o | 2,5 | 14 | o,2o | gut |
| A | 1,2 | 1,o | 2,o | 8 | o,2o | gut |
| B | o,5 | 1,5 | 2,5 | 18 | o,2 | ausreichend |
| B | o,7 | 1,5 | 2,5 | 15 | o,25 | gut |
| B | o,9 | 1,5 | 2,5 | 12 | o,25 | gut |
| B | 1,2 | 1,5 | 2,o | 1o | o,2 | gut |
| B | o,5 | o,8 | 2,5 | 12 | o,3 | gut |
| B | o,7 | o,8 | 2,o | 12 | o,25 | gut |
| B | o,9 | o,8 | 2,o | 6 | o,3 | sehr gleichmäßig |
| B | 1,2 | o,8 | 1,5 | 3 | o,3 | sehr gleichmäßig |
| C | o,5 | 1,5 | 3,o | 11 | o,3 | ausreichend |
| C | o,7 | 1,5 | 2,5 | 8 | o,3 | gut |
| C | o,9 | 1,5 | 2,5 | 8 | o,25 | sehr gleichmäßig |
| C | 1,2 | 1,5 | 2,o | 6 | o,2 | sehr gleichmäßig |
| D | o,5 | 1,5 | 3,o | 13 | o,3 | ausreichend |
| D | o,7 | 1,5 | 3,o | 9 | o,3 | gut |
| D | o,9 | 1,5 | 2,5 | 6 | o,25 | sehr gleichmäßig |
| D | 1,2 | 1,5 | 2,o | 3 | o,25 | sehr gleichmäßig |

ergibt sich deutlich die Verbesserung der Versprüheigenschaften durch die Anpassung an die Erfordernisse der Niederdruckversprühung.

In Tabelle 7 ist die Häufigkeit der Tröpfchengröße für die verschiedenen Drücke zusammengestellt, ermittelt durch Auszählen der Größenklassen und Errechnung der Summenprozente. Der Inhalt der Tabelle 7 ist zur Veranschaulichung in den Abb. 52 a bis 52 e graphisch aufgetragen.

Diese Tabelle und die Abbildungen erweisen, in welchem Maße der Anteil an großen Partikeln mit steigendem Sprühdruck abnimmt, und daß die Verteilung in dem für elektrostatisches Farbspritzen üblichen Gebiete von o,7 bis 1,o atü bereits so ist, daß auf Grund des Sprühbildes eine gute und

T a b e l l e  7

Prozentuale Häufigkeit der Tröpfchengröße von vier Pistolen in sieben Größenklassen bei verändertem Sprühluftdruck

| Druck atü | Pistole | Düsen-Dmr. mm | Durchmesser des Tröpfchenniederschlages | | | | | | | |
|---|---|---|---|---|---|---|---|---|---|---|
| | | | 0,015 mm | 0,03 mm | 0,06 mm | 0,09 mm | 0,12 mm | 0,15 mm | 0,18 mm | <0,18 mm |
| 0,5 | A | 1,0 | 42 | 24 | 22 | 1o | 1 | - | 1 | - |
| 0,5 | B | 1,5 | 46 | 29 | 14 | 9 | 1 | 1 | - | - |
| 0,5 | B | 0,8 | 38 | 31 | 21 | 9 | 1 | - | - | - |
| 0,5 | C | 1,5 | 34 | 32 | 18 | 14 | 2 | - | - | - |
| 0,5 | D | 1,5 | 34 | 25 | 17 | 19 | 4 | 1 | - | - |
| 0,7 | A | 1,0 | 38 | 28 | 16 | 12 | 5 | 1 | - | - |
| 0,7 | B | 1,5 | 41 | 26 | 18 | 11 | 4 | - | - | - |
| 0,7 | B | 0,8 | 32 | 29 | 18 | 14 | 6 | 1 | - | - |
| 0,7 | C | 1,5 | 29 | 3o | 22 | 16 | 3 | - | - | - |
| 0,7 | D | 1,5 | 36 | 28 | 22 | 14 | - | - | - | - |
| 0,9 | A | 1,0 | 34 | 3o | 18 | 14 | 4 | - | - | - |
| 0,9 | B | 1,5 | 4o | 29 | 16 | 13 | 2 | - | - | - |
| 0,9 | B | 0,8 | 3o | 26 | 24 | 18 | 2 | - | - | - |
| 0,9 | C | 1,5 | 26 | 33 | 21 | 18 | 2 | - | - | - |
| 0,9 | D | 1,5 | 31 | 3o | 22 | 16 | 1 | - | - | - |
| 1,2 | A | 1,0 | 32 | 49 | 19 | - | - | - | - | - |
| 1,2 | B | 1,5 | 36 | 42 | 18 | 4 | - | - | - | - |
| 1,2 | B | 0,8 | 26 | 35 | 31 | 8 | - | - | - | - |
| 1,2 | C | 1,5 | 28 | 32 | 29 | 11 | - | - | - | - |
| 1,2 | D | 1,5 | 24 | 25 | 37 | 14 | - | - | - | - |

gleichmäßige Bedeckung der Werkstücke erwartet werden kann. Dabei ist die
Gefahr der Bildung von Narbenmustern, die auf den Anteil zu großer Sprüh-
partikel zurückzuführen ist, weitgehend beseitigt.

Einen Anhalt für die Güte des Versprühens geben die Aufnahmen des Lack-
niederschlages aus den Pistolen A bis D für 1,2 atü in den Abb. 53 a
bis 53 e. Bie diesem Druck ergeben alle Bauarten ein sehr gleichmäßi-
ges Sprühbild, ohne Anteil an übergroßen Partikeln und mit kleiner
Nebelkomponente.

Die Versuche haben gezeigt, daß sich die jetzt in Deutschland gebauten
Pistolen für das elektrostatische Farbspritzen ebenso gut eignen wie
die englische Bauart.

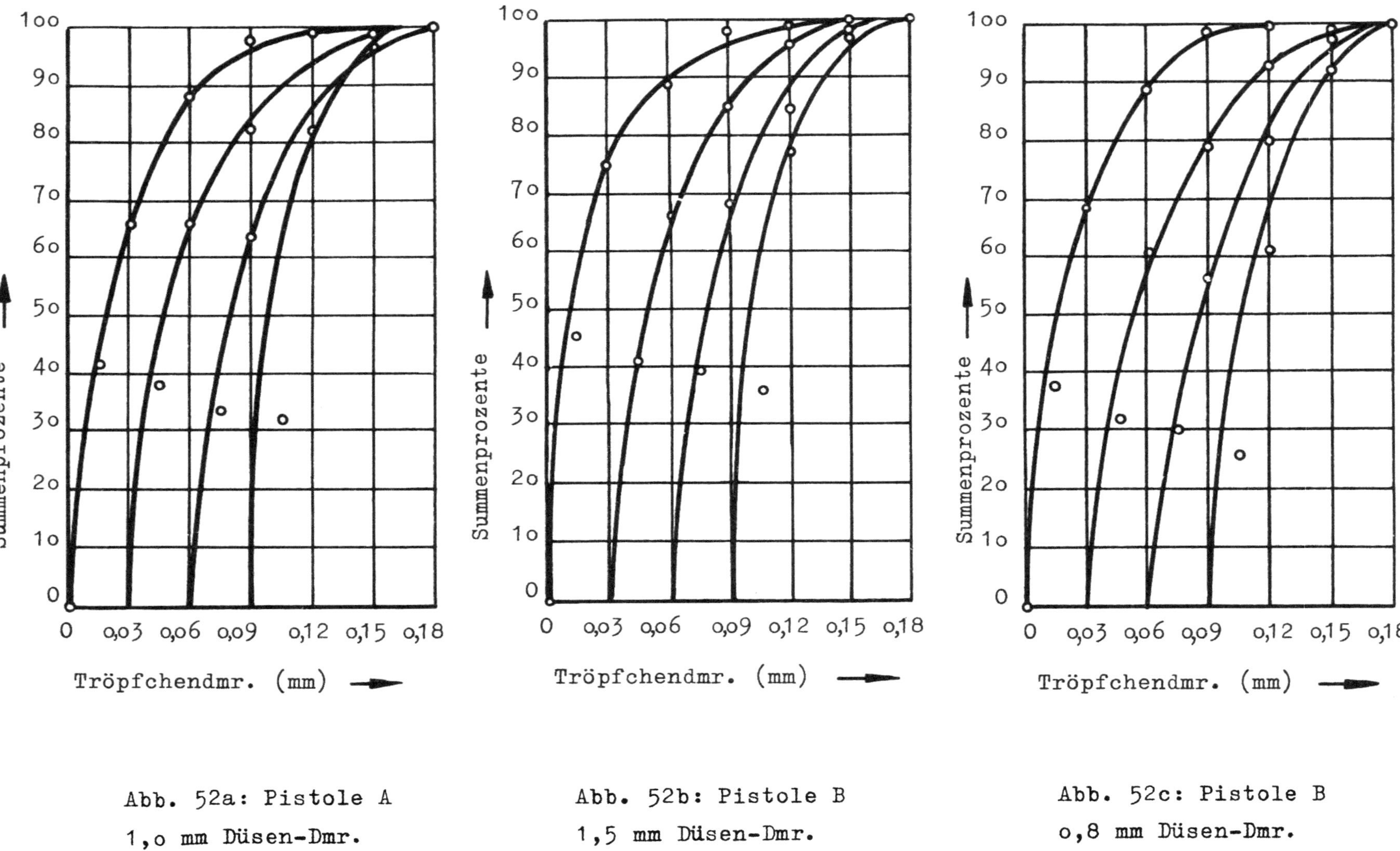

Summenprozente
Tröpfchendmr. (mm)
Abb. 52a: Pistole A
1,o mm Düsen-Dmr.
Summenprozente
Tröpfchendmr. (mm)
Abb. 52b: Pistole B
1,5 mm Düsen-Dmr.
Summenprozente
Tröpfchendmr. (mm)
Abb. 52c: Pistole B
o,8 mm Düsen-Dmr.

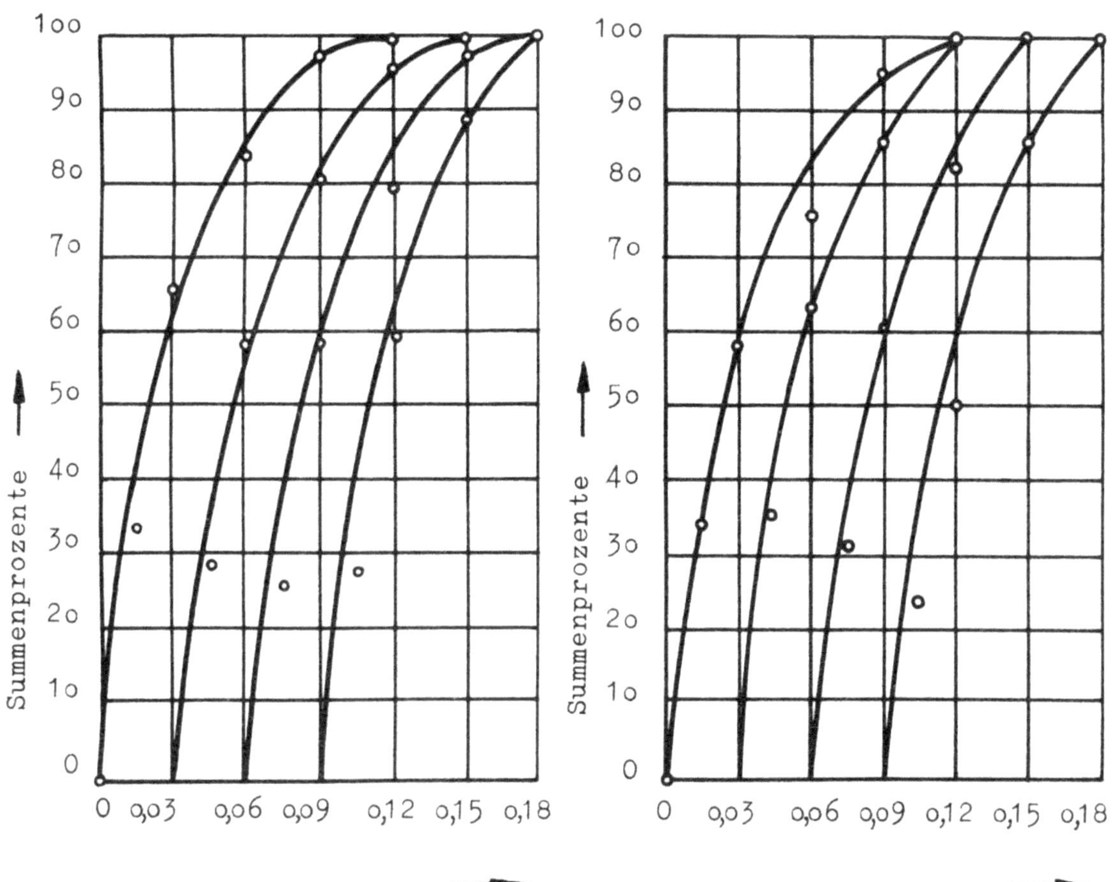

Abb. 52d: Pistole C
1,5 mm Düsen-Dmr.

Abb. 52e: Pistole D
1,5 mm Düsen-Dmr.

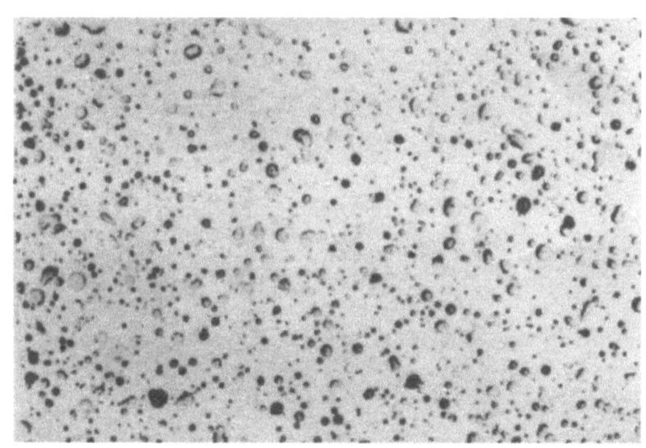

A b b i l d u n g   53 a

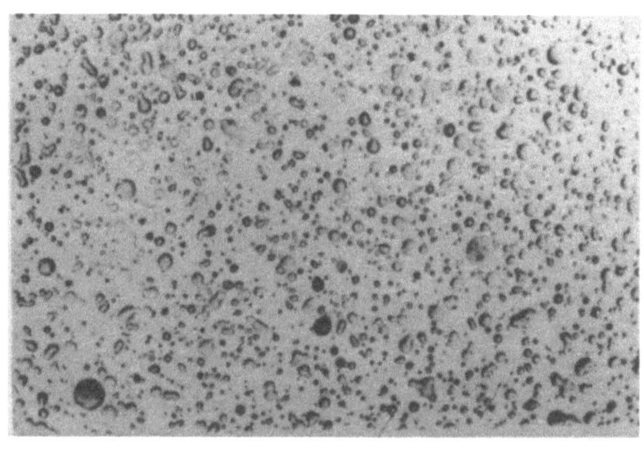

A b b i l d u n g   53 b

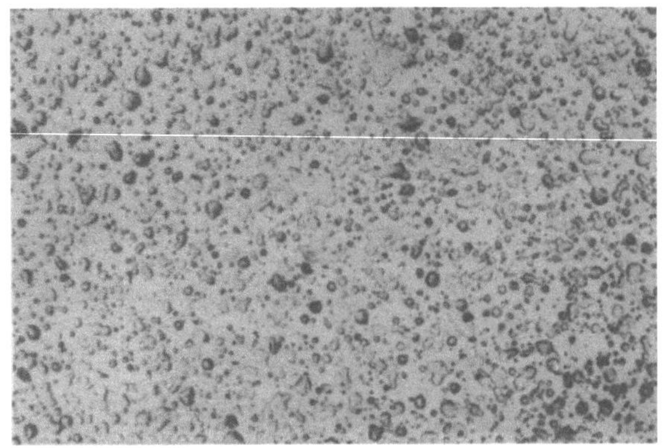

A b b i l d u n g  53 c

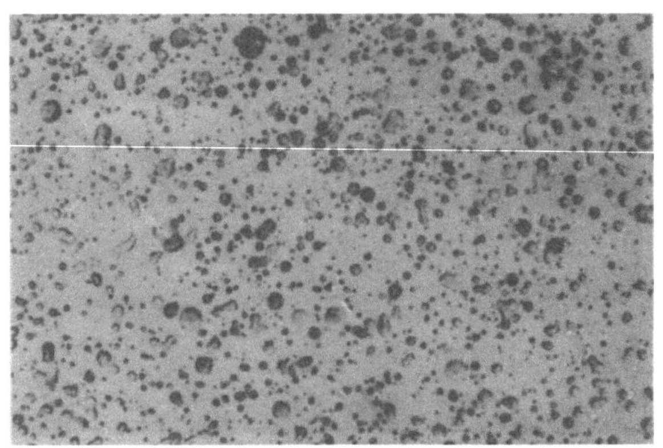

A b b i l d u n g  53 d

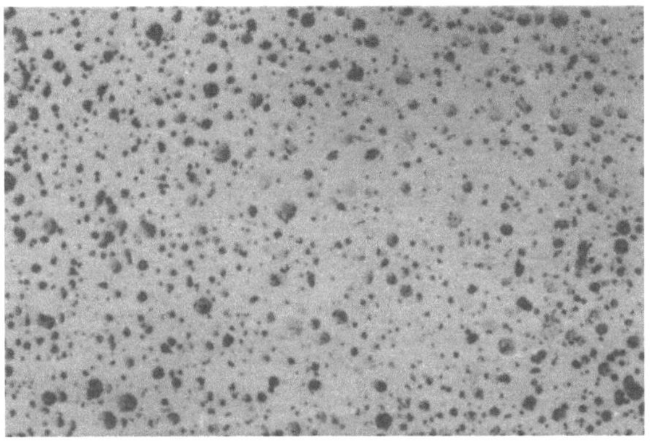

A b b i l d u n g  53 e

A b b i l d u n g  53 a bis e
Lackniederschlag auf Glasplatte bei 1,2 atü Spritzdruck
für die Pistolen A bis D entsprechend Abb. 52a bis e, V = 35


Die Firmen Peter Pick (Defag-De Vilbiss), Köln-Merheim; Richard C. Walther, Wuppertal-Vohwinckel und Lackfabrik Wülfing, Wuppertal-Vohwinkel,
haben die Versuche unterstützt, wofür auch an dieser Stelle gedankt sei.


Professor Dr.-Ing. F. B O L L E N R A T H  und
Dr.-Ing. H. F Ü L L E N B A C H

L i t e r a t u r v e r z e i c h n i s


1. J. STRIBLEY, Applications of electrostatic spraying and detearing in metal finishing. Sheet Metal Industries 27 (1950) Nr. 277 S. 460/466. Vgl. Mitteilungen der Forschungsgesellschaft Blechverarbeitung (1950) Nr. 21 S. 8/9

2. W. DEUTSCH, Elektrische Gasreinigung. Z.f.techn. Phys. 6 (1925) S. 423 ff (dort weitere 40 Literaturangaben)

3. F.G. COTTRELL, Elektrische Reinigung der Gase von suspendierten Teilchen. Journ. El. Powder and Gas (1911) S. 165; Elektrische Ausscheidung suspendierter Teilchen. Journ.Ind. and Eng. Chem. (1911) S. 542

4. W. DEUTSCH, Die Reinigung der Gase durch Stoßionisation. Zeitschrift f. techn. Physik 6 (1926) S. 623

5. R. LADENBURG, Elektrische Gasreinigung (Elektrofilter). Der Chemie-Ing. 1 (1934) 4. Teil, S. 31 ff, Leipzig, Akad. Verl. Ges. mbH.

6. G. MIERDEL, Elektrische Entstaubung, Handwörterbuch der Naturwissenschaften 3 (1931) S. 189 ff.

7. R. SEELIGER, Die physikalischen Grundlagen der elektrischen Gasreinigung. Z.f.techn. Phys. 7 (1926) S. 49 bis 70 (dort weitere 77 Literaturangaben); dgl. Siemens Zeitschr. (1927), Heft 1

8. Nach Werbeschriften der Ransburg Elektro-Coating Corp.

9. J. STRIBLEY, Electro-static spraying, Automobile Engineer, Febr. 1949, S. 72 ff

10. J. STRIBLEY, Electrostatic painting of motor car wheels. The Machinist 94 (1950) Nr. 21 S. 783/88 und Nr. 28 S. 1045/47. Vgl. Mitteilungen der Forschungsgesellschaft Blechverarbeitung (1950) Nr. 26 S. 7

11. J. STRIBLEY, W.E. WRIGHT, Discussion of Technical Paper.... Applications of electrostatic spraying and detearing in metal finishing, Sheet Metal Industries 27 (1950) Nr. 280 S. 743/46

12. F. BOLLENRATH und H. FÜLLENBACH, Elektrostatisches Spritzlackieren und Tropfenabziehen; Berichte der Forschungsgesellschaft Blechverarbeitung, Folge 1, Düsseldorf 1951, S. 92 bis 100; dgl. Mitteilungen der Forschungsgesellschaft Blechverarbeitung (1951) Nr. 3, S. 25 bis 33

13. F. BOLLENRATH und H. FÜLLENBACH, Elektrostatisches Spritzen und Tropfen-
    abziehen. Mitteilungen Forschungsgesellschaft Blechverarbeitung (1951)
    Nr. 3 S. 25/33

14. Vgl. Mitteilungen Forschungsgesellschaft Blechverarbeitung (1949)
    Nr. 4 S. 1/2

# FORSCHUNGSBERICHTE

# DES WIRTSCHAFTS- UND VERKEHRSMINISTERIUMS

# NORDRHEIN-WESTFALEN

**Herausgegeben von Staatssekretär Prof. Leo Brandt**

Heft 14:
Forschungsstelle für Acetylen, Dortmund,
Untersuchungen über Aceton als Lösungsmittel für
Acetylen

Heft 15:
Wäschereiforschung Krefeld,
Trocknen von Wäschestoffen

Heft 16:
Max-Planck-Institut für Kohlenforschung, Mülheim
a. d. Ruhr,
Arbeiten des MPI für Kohlenforschung

Heft 17:
Ingenieurbüro Herbert Stein, M. Gladbach,
Untersuchung der Verzugsvorgänge in den Streck-
werken verschiedener Spinnereimaschinen. 1. Bericht:
Vergleichende Prüfung mit verschiedenen Dicken-
meßgeräten

Heft 18:
Wäschereiforschung Krefeld,
Grundlagen zur Erfassung der chemischen Schädi-
gung beim Waschen

Heft 19:
Techn.-Wissenschaftl. Büro für die Bastfaserindustrie,
Bielefeld,
Die Auswirkung des Schlichtens von Leinengarnketten
auf den Verarbeitungswirkungsgrad, sowie die
Festigkeits- und Dehnungsverhältnisse der Garne
und Gewebe

Heft 20:
Techn.-Wissenschaftl. Büro für die Bastfaserindustrie,
Bielefeld,
Trocknung von Leinengarnen I
Vorgang und Einwirkung auf die Garnqualität

Heft 21:
Techn.-Wissenschaftl. Büro für die Bastfaserindustrie,
Bielefeld,
Trocknung von Leinengarnen II
Spulenanordnung und Luftführung beim Trocknen
von Kreuzspulen

Heft 22:
Techn.-Wissenschaftl. Büro für die Bastfaserindustrie,
Bielefeld,
Die Reparaturanfälligkeit von Webstühlen

Heft 23:
Institut für Starkstromtechnik, Aachen,
Rechnerische und experimentelle Untersuchungen zur
Kenntnis der Metadyne als Umformer von konstanter
Spannung auf konstanten Strom

Heft 24:
Institut für Starkstromtechnik, Aachen,
Vergleich verschiedener Generator-Metadyne-Schal-
tungen in bezug auf statisches Verhalten

Heft 25:
Gesellschaft für Kohlentechnik mbH., Dortmund-
Eving,
Struktur der Steinkohlen und Steinkohlen-Kokse

Heft 26:
Techn.-Wissenschaftl. Büro für die Bastfaserindustrie,
Bielefeld,
Vergleichende Untersuchungen zweier neuzeitlicher
Ungleichmäßigkeitsprüfer für Bänder und Garne
hinsichtlich Ihrer Eignung für die Bastfaserspinnerei

Heft 27:
Prof. Dr. E. Schratz, Münster,
Untersuchungen zur Rentabilität des Arzneipflanzen-
anbaues
Römische Kamille, Anthemis nobilis L.

Heft: 28:
Prof. Dr. E. Schratz, Münster,
Calendula officinalis L.
Studien zur Ernährung, Blütenfüllung und Rentabili-
tät der Drogengewinnung

Heft 29:
Techn.-Wissenschaftl. Büro für die Bastfaserindustrie,
Bielefeld,
Die Ausnützung der Leinengarne in Geweben

Heft 30:
Gesellschaft für Kohlentechnik mbH., Dortmund-
Eving,
Kombinierte Entaschung und Verschwelung von
Steinkohle; Aufarbeitung von Steinkohlenschlämmen
zu verkokbarer oder verschwelbarer Kohle

Heft 31:
Dipl.-Ing. Störmann, Essen,
Messung des Leistungsbedarfs von Doppelsteg-Ket-
tenförderern

Heft 48:
Max-Planck-Institut für Eisenforschung, Düsseldorf,
Spektrochemische Analyse der Gefügebestandteile
in Stählen nach ihrer Isolierung

Heft 49:
Max-Planck-Institut für Eisenforschung, Düsseldorf,
Untersuchungen über Ablauf der Desoxydation und
die Bildung von Einschlüssen in Stählen

Heft 50:
Max-Planck-Institut für Eisenforschung, Düsseldorf,
Flammenspektralanalytische Untersuchung der Fer-
ritzusammensetzung in Stählen

Heft 51:
Verein zur Förderung von Forschungs- und Entwick-
lungsarbeiten in der Werkzeugindustrie e. V.,
Remscheid,
Untersuchungen an Kreissägeblättern für Holz,
Fehler- und Spannungsprüfverfahren

Heft 52:
Forschungsstelle für Azetylen, Dortmund,
Untersuchungen über den Umsatz bei der explosi-
blen Zersetzung von Azetylen
   a) Zersetzung von gasförmigem Azetylen,
   b) Zersetzung von an Silikagel adsorbiertem
      Azetylen

Heft 53:
Professor Dr.-Ing. H. Opitz, Aachen,
Reibwert- und Verschleißmessungen an Kunststoff-
gleitführungen für Werkzeugmaschinen

Heft 54:
Professor Dr.-Ing. habil. F. A. F. Schmidt, Aachen,
Schaffung von Grundlagen für die Erhöhung der
spez. Leistung und Herabsetzung des spez. Brenn-
stoffverbrauches bei Ottomotoren mit Teilbericht
über Arbeiten an einem neuen Einspritzverfahren

Heft 55:
Forschungsgesellschaft Blechverarbeitung,
Düsseldorf,
Chemisches Glänzen von Messing und Neusilber

Heft 56:
Forschungsgesellschaft Blechverarbeitung,
Düsseldorf,
Untersuchungen über einige Probleme der Behand-
lung von Blechoberflächen

Heft 57:
Prof. Dr.-Ing. habil. F. A. F. Schmidt, Aachen,
Untersuchungen zur Erforschung des Einflusses des
chemischen Aufbaues des Kraftstoffes auf sein Verhalten im Motor und in Brennkammern von Gas-
turbinen.

Heft 58:
Gesellschaft für Kohlentechnik m. b. H., Dortmund,
Herstellung und Untersuchung von Steinkohlen-
schwelteer.

Heft 59:
Forschungsinstitut der Feuerfest-Industrie, Bonn,
Ein Schnellanalysenverfahren zur Bestimmung von
Aluminiumoxyd, Eisenoxyd und Titanoxyd in feuer-
festem Material mittels organischer Farbreagenzien
auf photometrischem Wege
Untersuchungen des Alkali-Gehaltes feuerfester
Stoffe mit dem Flammenphotometer nach
Riehm-Lange

Heft 60:
Forschungsgesellschaft Blechverarbeitung e. V.,
Düsseldorf,
Untersuchungen über das Spritzlackieren im elek-
trostatischen Hochspannungsfeld

Heft 61:
Verein zur Förderung von Forschungs- und Entwick-
lungsarbeiten in der Werkzeugindustrie e. V.,
Remscheid,
Schwingungs- und Arbeitsverhalten von Kreissäge-
blättern für Holz

Heft 62:
Professor Dr. W. Franz, Institut für theoretische
Physik der Universität Münster,
Berechnung des elektrischen Durchschlags durch feste
und flüssige Isolatoren

Heft 63:
Textilforschungsanstalt Krefeld,
Neue Methoden zur Untersuchung der Wirkungs-
weise von Textilhilfsmitteln
Untersuchungen über Schlichtungs- und Entschlich-
tungsvorgänge

Heft 64:
Textilforschungsanstalt Krefeld,
Die Kettenlängenverteilung von hochpolymeren
Faserstoffen
Über die fraktionierte Fällung von Polyamiden

Heft 65:
Fachverband Schneidwarenindustrie, Solingen
Untersuchungen über das elektrolytische Polieren
von Tafelmesserklingen aus rostfreiem Stahl

Heft 66:
Dr.-Ing. Peter Füsgen VDI †, Düsseldorf
Untersuchungen über das Auftreten des Ratterns
bei selbsthemmenden Schneckengetrieben und seine
Verhütung

Heft 67:
Heinrich Wösthoff o. H. G., Apparatebau, Bochum,
Entwicklung einer chemisch-physikalischen Apparatur zur Bestimmung kleinster Kohlenoxyd-Konzen-
trationen

Heft 68:
Kohlenstoffbiologische Forschungsstation e. V.,
Essen
Algengroßkulturen im Sommer 1952
II. Über die unsterile Großkultur von Scenedesmus
obliquus

Heft 69:
Wäschereiforschung Krefeld
Bestimmung des Faserabbaues bei Leinen unter be-
sonderer Berücksichtigung der Leinengarnbleiche

Heft 70:
Wäschereiforschung Krefeld
Trocknen von Wäschestoffen

Heft 71:
Prof. Dr.-Ing. K. Leist, Aachen
Kleingasturbinen, insbesondere zum Fahrzeug-
antrieb

Heft 72:
Prof. Dr.-Ing. K. Leist, Aachen
Beitrag zur Untersuchung von stehenden geraden
Turbinengittern mit Hilfe von Druckverteilungsmes-
sungen

Heft 73:
Prof. Dr.-Ing. K. Leist, Aachen
Spannungsoptische Untersuchungen von Turbinen-
schaufelfüßen

Heft 74:
Max-Planck-Institut für Eisenforschung, Düsseldorf
Versuche zur Klärung des Umwandlungsverhaltens
eines sonderkarbidbildenden Chromstahls

Heft 75:
Max-Planck-Institut für Eisenforschung, Düsseldorf
Zeit-Temperatur-Umwandlungs-Schaubilder als
Grundlage der Wärmebehandlung der Stähle

Heft 76:
Max-Planck-Institut für Arbeitsphysiologie,
Dortmund
Arbeitstechnische und arbeitsphysiologische Ratio-
nalisierung von Mauersteinen

Heft 77:
Meteor Apparatebau Paul Schmeck G. m. b. H.,
Siegen
Entwicklung von Leuchtstoffröhren hoher Leistung

# VERÖFFENTLICHUNGEN

# DER ARBEITSGEMEINSCHAFT FÜR FORSCHUNG

# DES LANDES NORDRHEIN-WESTFALEN

Im Auftrage des Ministerpräsidenten Karl Arnold
**Herausgegeben von Staatssekretär Prof. Leo Brandt**

Heft 7:
Prof. Dr.-Ing. August Götte, Technische Hochschule Aachen,
Steinkohle als Rohstoff und Energiequelle
Prof. Dr. e. h. Karl Ziegler, Max-Planck-Institut für Kohlenforschung Mülheim a. d. Ruhr,
Über Arbeiten des Max-Planck-Instituts für Kohlenforschung

Heft 8:
Prof. Dr.-Ing. Wilhelm Fucks, Technische Hochschule Aachen,
Die Naturwissenschaft, die Technik und der Mensch
Prof. Dr. sc. pol. Walther Hoffmann, Universität Münster,
Wirtschaftliche und soziologische Probleme des technischen Fortschritts

Heft 9:
Prof. Dr.-Ing. Franz Bollenrath, Technische Hochschule Aachen,
Zur Entwicklung warmfester Werkstoffe
Dr. Heinrich Kaiser, Staatl. Materialprüfungsamt Dortmund,
Stand spektralanalytischer Prüfverfahren und Folgerung für deutsche Verhältnisse

Heft 10:
Prof. Dr. Hans Braun, Universität Bonn,
Möglichkeiten und Grenzen der Resistenzzüchtung
Prof. Dr.-Ing. Carl Heinrich Dencker, Universität Bonn,
Der Weg der Landwirtschaft von der Energieautarkie zur Fremdenergie

Heft 11:
Prof. Dr.-Ing. Herwart Opitz, Technische Hochschule Aachen,
Entwicklungslinien der Fertigungstechnik in der Metallbearbeitung
Prof. Dr.-Ing. Karl Krekeler, Technische Hochschule Aachen,
Stand und Aussichten der schweißtechnischen Fertigungsverfahren

Heft: 12
Dr. Hermann Rathert, Mitglied des Vorstandes der Vereinigten Glanzstoff-Fabriken A.-G., Wuppertal-Elberfeld,
Entwicklung auf dem Gebiet der Chemiefaser-Herstellung
Prof. Dr. Wilhelm Weltzien, Direktor der Textilforschungsanstalt Krefeld,
Rohstoff und Veredlung in der Textilwirtschaft

Heft: 13
Dr.-Ing. e. h. Karl Herz, Chefingenieur im Bundesministerium für das Post- und Fernmeldewesen Frankfurt a. Main,
Die technischen Entwicklungstendenzen im elektrischen Nachrichtenwesen
Ministerialdirektor Dipl.-Ing. Leo Brandt, Düsseldorf,
Navigation und Luftsicherung

Heft 14:
Prof. Dr. Burckhardt Helferich, Universität Bonn,
Stand der Enzymchemie und ihre Bedeutung
Prof. Dr. med. Hugo W. Knipping, Direktor der Med. Universitätsklinik Köln,
Ausschnitt aus der klinischen Carcinomforschung am Beispiel des Lungenkrebses

Heft 15:
Prof. Dr. Abraham Esau, Technische Hochschule Aachen,
Die Bedeutung von Wellenimpulsverfahren in Technik und Natur
Prof. Dr.-Ing. Eugen Flegler, Technische Hochschule Aachen,
Die ferromagnetischen Werkstoffe in der Elektrotechnik und ihre neueste Entwicklung

Heft 16:
Prof. Dr. rer. pol. Rudolf Seyffert, Universität Köln,
Die Problematik der Distribution
Prof. Dr. rer. pol. Theodor Beste, Universität Köln,
Der Leistungslohn

Heft 17:
Prof. Dr.-Ing. Friedrich Seewald, Technische Hochschule Aachen,
Die Flugtechnik und ihre Bedeutung für den allgemeinen technischen Fortschritt
Prof. Dr.-Ing. Edouard Houdremont, Essen,
Art und Organisation der Forschung in einem Industriekonzern

Heft 18:
Prof. Dr. med. Dr. phil. W. Schulemann, Universität Bonn,
Theorie und Praxis pharmakologischer Forschung
Prof. Dr. Wilhelm Groth, Direktor des Physikalisch-Chemischen Instituts, Universität Bonn,
Technische Verfahren zur Isotopentrennung

Heft 19:
Dipl.-Ing. Kurt Traenckner, Stellvertr. Vorstandsmitglied der Ruhrgas-A.G., Essen,
Entwicklungstendenzen der Gaserzeugung

Heft 21:
Prof. Dr. phil. Robert Schwarz, Aachen,
Wesen und Bedeutung der Silicium-Chemie
Prof. Dr. Kurt Alder, Universität Köln,
Fortschritte in der Synthese von Kohlenstoffverbindungen

Heft 21 a
Jahresfeier der Arbeitsgemeinschaft für Forschung des Landes Nordrhein-Westfalen am 21. 5. 1952 in Düsseldorf mit Ansprachen des Herrn Bundespräsidenten Professor Dr. Theodor Heuss, des Herrn Ministerpräsidenten Arnold, Frau Kultusminister Teusch, der Herren Professor Dr. Hahn, Professor Dr. Strugger, Vizepräsident Dobbert, Professor Dr. Richter, Professor Dr. Fucks.

Heft 22:
Prof. Dr. Johannes von Allesch, Universität Göttingen,
Die Bedeutung der Psychologie im öffentlichen Leben
Prof. Dr. med. Otto Graf, Max-Planck-Institut für Arbeitsphysiologie, Dortmund,
Triebfedern menschlicher Leistung

Heft 23:
Prof. Dr. phil. Dr. jur. h. c. Bruno Kuske, Universität Köln,
Probleme der Raumforschung
Prof. Dr. Dr.-Ing. e. h. Prager,
Städtebau und Landesplanung

Heft 23 a:
M. Zvegintzov, Wissenschaftliche Forschung und die Auswertung ihrer Ergebnisse. Ziel und Tätigkeit der National Research Development Corporation

Dr. Alexander King, Department of Scientific & Industrial Research, London,
Wissenschaft und internationale Beziehungen

Heft 24:
Prof. Dr. Rolf Danneel, Universität Bonn,
Über die Wirkungsweise der Erbfaktoren
Prof. Dr. K. Herzog, Medizinische Akademie Düsseldorf,
Bewegungsbedarf der menschlichen Gliedmaßengelenke bei der Berufsarbeit

Heft 25:
Prof. Dr. O. Haxel, Heidelberg,
Energiegewinnung aus Kernprozessen
Dr. Dr. Max Wolf, Düsseldorf,
Gegenwartsprobleme der energiewirtschaftlichen Forschung

Heft 26:
Prof. Dr. Friedrich Becker, Universität Bonn,
Ultrakurzwellen aus dem Weltraum, ein neues Forschungsgebiet der Astronomie
Dozent Dr. H. Straßl, Bonn,
Bemerkenswerte Doppelsterne und das Problem der Sternentwicklung

Heft 27:
Prof. Dr. Heinrich Behnke, Universität Münster,
Der Strukturwandel der Mathematik in der ersten Hälfte des 20. Jahrhunderts
Prof. Dr. E. Sperner, Bonn,
Eine mathematische Analyse der Luftdruckverteilungen in großen Gebieten

Heft 28:
Prof. Dr. O. Niemczyk, Aachen,
Die Problematik gebirgsmechanischer Vorgänge im Steinkohlenbergbau
Prof. Dr. W. Ahrens, Krefeld,
Die Bedeutung geologischer Forschung für die Wirtschaft, besonders in Nordrhein-Westfalen

Heft 29:
Prof. Dr. B. Rensch, Münster,
Das Problem der Residuen bei Lernleistungen
Prof. Dr. H. Fink, Köln,
Über Leberschäden bei der Bestimmung des biologischen Wertes verschiedener Eiweiße von Mikroorganismen

Heft 30:
Prof. Dr.-Ing. F. Seewald, Aachen,
Forschungen auf dem Gebiete der Aerodynamik
Prof. Dr.-Ing. K. Leist, Aachen,
Forschungen in der Gasturbinentechnik

Heft 31:
Direktor Dr. F. Mietzsch, Wuppertal,
Chemie und wirtschaftliche Bedeutung der Sulfon-
amide
Prof. Dr. G. Domagk, Wuppertal,
Die experimentellen Grundlagen der Chemotherapie
der bakteriellen Infektionen

Heft 32:
Prof. Dr. Hans Braun, Universität Bonn,
Die Verschleppung von Pflanzenkrankheiten und
-schädlingen über die Welt
Prof. Dr. Wilhelm Rudorf, Max-Planck-Institut für
Züchtungsforschung, Voldagsen,
Der Beitrag von Genetik und Züchtung zur Bekämp-
fung von Viruskrankheiten der Nutzpflanzen

Heft 33:
Prof. Dr.-Ing. V. Aschoff, Aachen,
Probleme der elektroakustischen Einkanalübertragung
Prof. Dr.-Ing. H. Döring, Aachen,
Erzeugung und Verstärkung von Mikrowellen

Heft 34:
Geheimrat Prof. Dr. Rudolf Schenck, Aachen,
Bedingungen und Gang der Kohlenhydratsynthese
im Licht
Prof. Dr. Emil Lehnartz, Universität Münster,
Die Endstufen des Stoffabbaus im Organismus

Heft 35:
Prof. Dr.-Ing. H. Schenk, Aachen,
Gegenwartsprobleme der Eisenindustrie in Deutsch-
land
Prof. Dr.-Ing. E. Piwowarsky, Aachen,
Gelöste und ungelöste Probleme des Gießereiwesens

Geisteswissenschaften

Heft 1:
Prof. Dr. W. Richter, Bonn,
Die Bedeutung der Geisteswissenschaften für die Bil-
dung unserer Zeit

Prof. Dr. J. Ritter, Münster,
Die aristotelische Lehre vom Ursprung und Sinn der
Theorie

Heft 2:
Prof. Dr. J. Kroll, Köln,
Elysium
Prof. Dr. G. Jachmann, Köln,
Die vierte Ekloge Vergils

Heft 3:
Prof. Dr. H. E. Stier, Münster,
Die klassische Demokratie

Heft 4:
Prof. Dr. W. Caskel, Köln,
Lihjan und Lihjanisch. Sprache und Kultur eines früh-
arabischen Königreiches

Heft 5:
Prof. Dr. Th. Ohm, Münster,
Stammesreligionen im südlichen Tanganyika-Terri-
torium. — Religionswissenschaftliche Ergebnisse
meiner Ostafrikareise 1951

Heft 6:
Prälat Prof. Dr. G. Schreiber, Münster,
Deutsche Wissenschaftspolitik von Bismarck bis zum
Atomphysiker Otto Hahn

Heft 7:
Prof. Dr. W. Holtzmann, Bonn,
Das mittelalterliche Imperium und die werdenden
Nationen

Heft 8:
Prof. Dr. W. Caskel, Köln,
Die Bedeutung der Beduinen in der Geschichte der
Araber

Heft 9:
Prälat Prof. Dr. G. Schreiber, Münster,
Iroschottische und angelsächsische Kultureinflüsse
im Mittelalter

Heft 10:
Prof. Dr. P. Rassow, Köln,
Forschungen zur Reichsidee im 16. und 17. Jahr-
hundert